# 你若光明，世界就不黑暗

周淑华 \ 主编

北京工艺美术出版社

图书在版编目（CIP）数据

你若光明，世界就不黑暗/周淑华主编． — 北京：北京工艺美术出版社，
2017.6
（励志·坊）
ISBN 978-7-5140-1216-3

Ⅰ.①你… Ⅱ.①周… Ⅲ.①成功心理－通俗读物 Ⅳ.①B848.4-49

中国版本图书馆CIP数据核字（2017）第030016号


出 版 人：陈高潮
责任编辑：张怀林
封面设计：天下装帧设计
责任印制：宋朝晖

## 你若光明，世界就不黑暗

周淑华　主编

| | | |
|---|---|---|
| 出　　版 | 北京工艺美术出版社 | |
| 发　　行 | 北京美联京工图书有限公司 | |
| 地　　址 | 北京市朝阳区化工路甲18号<br>中国北京出版创意产业基地先导区 | |
| 邮　　编 | 100124 | |
| 电　　话 | （010）84255105（总编室）<br>（010）64283630（编辑室）<br>（010）64280045（发　行） | |
| 传　　真 | （010）64280045/84255105 | |
| 网　　址 | www.gmcbs.cn | |
| 经　　销 | 全国新华书店 | |
| 印　　刷 | 三河市天润建兴印务有限公司 | |
| 开　　本 | 710毫米×1000毫米　1/16 | |
| 印　　张 | 18 | |
| 版　　次 | 2017年6月第1版 | |
| 印　　次 | 2017年6月第1次印刷 | |
| 印　　数 | 1～6000 | |
| 书　　号 | ISBN 978-7-5140-1216-3 | |
| 定　　价 | 39.80元 | |

# 目录

MULU

## 像向日葵一样活着

## 做一个有智慧的人

# 自知自信且自强

## 心有多大世界就有多宽

目录

## 善待自己和他人

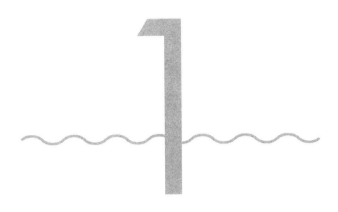

# 像向日葵一样活着

当一万个人说你不配的时候，

你是否有勇气相信自己值得？

在聚光灯下舞蹈也许很紧张很难，

但在黑夜里舞蹈则需要更多的勇气与力量，

因为没有人会给你鼓掌。

# 心是透明的，天是蓝的

||||||||||||||||||||||||||||||

长大以后，我开始相信每个人的天空都有灰色的时候。

我想起很多年前，我感觉特别灰暗的时候，那时候我总是期待，会有某个人、某件事或者某个遭遇，它就像从层层乌云里穿透出来的一道阳光，然后所有乌云哗啦啦地全部散开。

那时候我不知道那道光什么时候来，也不知道会不会来，但是却像向日葵一样，翘首以盼。

那时候我觉得，人，必须要像向日葵一样活着。在黑夜里等待，在狂风暴雨里等待，就算只出现了一点点阳光，也想努力朝着那些光生长。

六岁那年，家里突然发生了天翻地覆的变化。只是那时候小，看着只剩下一张床垫的房间，我竟然觉得很新鲜。

后来搬到了一间老旧的房子，我当时也没有特别大的心理落差。那年生日，妈妈给我买了一块6块钱的小蛋糕和一瓶汽水。那时候妈妈眼里带着内疚，我却突然懂得了很多。我不再问妈妈为什么现在住这里，不再问妈妈要礼物，也不再那么娇气。

那天，我手里拿着汽水，一家人在外面散步，我记得那天我盯着路边的麦当劳，在那个很多人不知道麦当劳是什么的时候，我却已经熟知里面卖些什么了。我问姐姐，我可以跟妈妈说我想吃麦当劳吗？姐姐摇摇头。

我和妈妈一起去菜市场抬了一袋面粉回来，妈妈说，以前都坐小汽车，现在累坏了吧？我说我不累，要是妈妈累了，以后我就再给你买小汽车。妈妈很开心地笑了。姐姐告诉我，面粉比米便宜很多，耐吃很多，所以以后你要懂事，不能耍脾气。我点点头。

那年我很孤单，每天陪伴我的是一个小篮球和一个钉在门后面的小篮筐。我觉得那年我没去上学，是因为没钱。妈妈每天教我背诵很多唐诗，教我写字，给我讲童话故事。妈妈会耐心地给我解释，为什么这个大诗人这么出名，这首诗讲了些什么。

后来父母为了生计，只能低价收购很多半成品衣服，然后通宵给这些衣服钉纽扣。那时候我躺在床上，从门缝里看着爸爸妈妈蹲在地上，像机器人一样重复工作着。第二天醒来，从门缝里仍然看到他们在重复着这一个动作。某天早上，不知道为什么我悲从中来，我站在门缝偷偷看了很久，突然大哭起来，问爸爸妈妈为什么都不睡觉的。妈妈抱着我一直安慰我，说他们只是起得早。

后来家里又有了车，不过是自行车。上海冬天的时候特别冷，妈妈载着我去少年宫学英语，然后妈妈又在教室门口一直等着我学完。有一天回去的路上，我看到妈妈红肿的双手，然后我一直留心看着路边。等我看到一个地摊，是卖手套的，我叫妈妈停车，然后拉着妈妈，叫她买一双手套。我记得那个手套要18块钱，弄得很像真皮。

妈妈她不舍得，妈妈说冬天就快过去了，还买它干吗。小时候我脸皮挺薄的，但是那天我鼓起勇气跟阿姨说，阿姨你便宜点吧，我妈妈要骑车，手都红了。我感觉我说着说着就要哭了。阿姨估计被我感动了，她9块钱就肯卖了。那天回去我看着妈妈戴着手套，觉得很开心。

那几年，父母的天空一片灰色，但是爸爸没有像身边一些人的爸爸，从此一蹶不振，借酒消愁。爸爸从前爱喝酒，那几年却变得滴酒不沾。而妈妈也一直陪着爸爸，陪着我们。

记得有一年过年，回到老家，在老房子里，姑姑带我看了以前爸爸住的房间。我翻看着桌上满是灰尘的纸张，有爸爸年轻的时候和别人写的信，爸爸的字体很特别，一眼就能看出来，有随手涂鸦画的画，终于知道为什么从小到大我只会画鸟，因为那张满是涂鸦的纸上，全是鸟。最后翻到一本笔记本，记了一些公式，一些诗句，翻到封面，上面写着一句话：走尽天下路，看遍天下景。

于是我终于理解了，为什么多年来爸爸带着我到处漂泊，以至于读一个小学就换了三个城市。看这些时，感觉很微妙，因为爸爸那时候还不是爸爸，而我那时候还在不见天日地"游泳"；你只是在看着一个不同年代的同龄人，但那个人，日后竟然是你爸爸。

爸爸和我都有个特点，就是话多，基本上他是个风趣幽默的男人，这点上我受了一点遗传。所以我们父子在的地方，别人一般都不想插嘴，因为他们想听我们天南海北地谈天说地。

儿时的我，充满侠义情怀，特别想加入丐帮，每天不拿根棍或者竹竿之类的在手上就全身不舒服，没有勇气开始一天的生活。后来我妈受不了了，说瞎子才像你这样，每天拿根棍子。爹听了，从杂物房里找了几块木板出来，给我弄了把木剑。当时我很高兴，觉得爸爸很牛。

据说我小时候是各方面都有天赋，小学的时候所有科目的老师都要求我进他的兴趣小组。

后来我都没参加，因为我求爸爸送我去学武术。当多年后有一天我想起这件事，我问爸爸，当初我学武术怎么学着学着就没了下文？

爸爸说去了两节课，回家你发现你没像乔峰一样飞起来，就不肯去了。

尽管如此，由于小时候参加什么什么得奖，爸爸对我期望极大，以至于他下定决心对我严加管教，甚至严格到我们班主任亲自找他谈话，给他讲"揠苗助长"的故事。

但是随着时间流逝，我逐渐长大，爸爸作为一个父亲的威严渐渐在我固执的心里失去了效果。我属于吃软不吃硬并且在沉默中爆发的类型。我默默地做一切与我爹的期望完全相反的事情。

并且由于三番两次地突然就离开熟悉的城市，去另一个陌生的地方，从来没有人问过我愿意不愿意，接受不接受，我内心渐渐地变得很难让人走近。于是一个闷骚的男孩和一个闷骚的男人就这样越来越远。

父子间不由得出现了一层隔阂，于是只剩下争吵，冷漠，互不理睬。甚至有一年父子间说的话没有超过五句。

最后初中毕业那年，父母决定让我离开家里，自己去海口上学，我带着对爸爸的厌恶走了，忍受着举目无亲和巨大的孤独，面对大海，反而让我觉得更加孤单。

高一那年中秋，坐在宿舍看着同学们一个一个收拾东西在父母的陪伴下回家过节，那天夜里我一个人坐在草坪，忍不住地开始想念我爹娘。明显离得远了，往往能拉回心的距离。

我想起了一些爸爸曾经对我说过的话，想起了曾经和爸爸一起打打闹闹度过的日子，想起了爸爸不厌其烦地跟那时仅仅觉得因为我站着撒尿所以我是男人的我谈论怎么样才是一个男人。那时爸爸总对我说，有一天你会懂。

渐渐地，厌恶、鄙视变成了想念、后悔和对爸爸的理解。后来我给爸爸写了一封信，爸爸不久之后给我回了，看着信，我觉得多年来的心结打开了，我知道有些话，我们互相说不出口。然后有一天，一个陌生的女人给我打电话，告诉我她是我姑姑，我隐约记得爸爸有这样一个妹妹，爸爸叫她来看我。姑姑对我很好，几乎无微不至，让我不再觉得举目无亲。姑姑告诉我，她一直知道我在这儿，爸爸不可能真的让我一个人孤零零地在外面。

当时我沉默不语，可能这就是闷骚的父爱。

爸爸很不显老，以至于我一直觉得爸爸没老过。只是那天，我看到爸爸在厂里和员工聊天，笑的时候，眼角的皱纹一层一层地叠起，就像一夜之间起来的。那时我仔细看着爸爸，发现那个谈笑风生外表永远比实际年龄年轻十岁的男人真的老了，眼睛失去了一直在我印象里的神采。

回想起三年前，爸爸在我面前，跟我说，打算离开重庆，回到广东。那时我虽然已经一年没有回重庆了，但是依然觉得那是熟悉和热爱的地方，只要家在那里就行。我摇着头说这次绝对不回。这是我第一次这么强硬，对于又要离开一个地方。

过了一阵爸爸说，我们这代人最讲究落叶归根，人过半百了，老了，总要落叶归根的，始终还是要回到自己的地方的。那时爸爸看着我，我在爸爸的眼睛里竟然看到了一丝哀求。我想起姐姐跟我说的，爸爸是个喜欢到处跑的人，但是他从来没有让一家人分开过。我心里突然就酸酸的，原来一晃已经那么多年过去，你不再是那个意气风发的少年，只是一个累了想回家又怕儿子不愿意的爸爸。

你总是在心底默默地期待着，等着有一天儿子回过头来发现你的爱，和你心意想通，和你相互理解，等着"有一天你会懂"。

只是我懂了，你却老了。

很久很久以后，我突然想起来小的时候，有一天爸爸把我抱到树上，然后他在下面看着我，他说你自己能跳下来吗？我看了一下，觉得挺高，就摇头。然后爸爸说，那为什么你肯让我抱上去。我没答出来。

爸爸说，因为你知道我是你爸爸，所以一定不会让你摔着，也一定会抱你下来。

我突然觉得很有道理，点了点头。

然后爸爸说，爸爸妈妈就是在什么时候都会照顾你们，看着你们，不会让你们摔着的人，知道吗？

我使劲点头，因为我知道，也很相信这一点。

后来生活渐渐好了起来。我和姐姐也渐渐长大，只是那几年在我记忆里，却依然清晰。那时候一家人反倒很开心。

回想起来，他们就像向日葵一样活着，无论黑夜多长，无论乌云多浓密，他们总相信有一道光会穿透天空，他们始终相信阳光会洒满一地。

我想起小时候上美术课，老师问，花是什么颜色？我们大声回答：红色！

草是什么颜色？我们回答：绿色！

那么天空是什么颜色？我们再一次大声回答：蓝色！

所以无论曾经，此时，又或者将来，我始终坚信小时候脱口而出的东西，都是对的。

蓝天就一定有太阳，像向日葵一样去生活，等着阳光洒满一地。

# 让你的心散散步透透气

||||||||||||||||||||||||||||||

很多时候，我们的眼睛都为外物所遮蔽、掩饰，浮华的事情占据了我们的目光，以致我们看不到自己真实的内心，因此在人生中留下许多遗憾：在学业上，由于我们看不到自己真实的内心，所以盲目地选择了别人为我们选定的、他们认为最有潜力与前景的专业；在事业上，我们故意不去关注自己的内心，在一哄而起的热潮中，我们也去选择那些最为众人看好的热门职业；在爱情上，我们常因外界的作用扭曲了内心真实的想法，因经济、地位等非爱情因素而错误地选择了爱情对象……

我们都是现代人，现代人惯于为自己做各种周密而细致的盘算，权衡着可能有的各种收益与损失，但是，我们唯一忽视的，便是自己的心灵。

快节奏的生活、工作的压力容易使人心境失衡，如果患得患失，不能以宁静的心灵面对无穷无尽的诱惑，就会感到心力交瘁或迷惘躁动。

一位长者问他的学生：你心目中的人生美事有哪些？学生列出一张"清单"：健康、才能、美丽、爱情、名誉、财富……谁料老师不以为然地说：你忽略了最重要的一项——心灵的宁静，没有它，上述种种都会给你带来可怕的痛苦！

大街上有一位老铁匠因为早已没人需要他打制铁器，现在他改卖铁锅、斧头和拴小狗的链子。他的经营方式非常古老和传统。人坐在门内，货物摆在门外，不吆喝，不还价，晚上也不收摊。你无论什么时候从这儿经过，都会看到他在竹椅上躺着，手里是一个半导体，身旁是一个紫砂壶。

他的生意无所谓好也无所谓坏，每天的收入正够他喝茶和吃饭。他老了，已不再需要多余的东西，因此他非常满足。

一天，一个文物商从这里经过，偶然看到老铁匠身旁的那个紫砂壶，那把壶古朴雅致，紫黑如墨，有清代制壶名家戴振公的风格，正是这些吸引了他，于是他走过去，顺手端起那个紫砂壶。壶嘴内有一记印章，果然是戴振公的。商人惊喜不已。因为戴振公在世界上有捏泥成金的美名，据说他的作品现在仅存3件，一件在美国纽约州立博物馆里；一件在台湾"故宫博物院"；还有一件在泰国某位华侨手里，是1993年在伦敦拍卖市场上以16万美元的拍卖价买下的。

商人端着那个壶，想以10万元的价格买下它。当他说出这个数字时，老铁匠先是一惊，然后又拒绝了，因为这个紫砂壶是他爷爷给他留下的，他们祖孙三代打铁时都喝这把壶里的水，他们的汗也都来自这个壶。

壶虽然没有卖，但商人走后，老铁匠有生以来第一次失眠了。这把壶他用了近60年，并且一直以为是把普普通通的壶，现在竟有人要以10万元的价钱买下它，他转不过神来。

过去他躺在椅子上喝水，都是闭着眼睛把壶放在小桌上，现在他总要坐起来再看一眼，这让他非常不舒服。特别让他不能容忍的是，当人们知道他有一把价值连城的茶壶后，蜂拥而至，有的问还有没有其他的宝贝，有的开始向他借钱，更有甚者，晚上推他的门。他的生活被彻底打乱了，他不知该怎样处置这个壶。

当那位商人带着20万元现金，第二次登门的时候，老铁匠再也坐不住了。他招来左右店铺的人和前后邻居，拿起一把斧头，当众把那把紫砂壶砸了个粉碎。

现在，老铁匠还在卖铁锅、斧头和拴小狗的链子，据说他已经102岁了。

心灵的宁静可以沉淀出生活中许多纷杂的浮躁，过滤出浅薄粗陋等人性的杂质，可以避免许多鲁莽、无聊、荒谬的事情发生。心灵的宁静是一种气质、一种修养、一种境界、一种充满内涵的悠远。安之若素，沉默从容，往往要比气急败坏、声嘶力竭更显涵养和理智。

我们很忙，行色匆匆地奔走于人潮汹涌的街头，浮躁之心油然而生，我们找不到一个可以冷静驻足的理由和机会。现代社会在追求效率和速度的同时，使我们作为一个人的优雅在逐渐丧失。那种恬静如诗般的岁月对于现代人来说，已成为最大的奢侈和批判对象。

物质的欲望在慢慢吞噬人的灵性和光彩，我们留给自己的内心空间被压榨到最小，我们狭隘到已没有"风物长宜放眼量"的胸怀和眼光。而唯有宁静的心灵，才不眼热权势显赫，不奢望金银成堆，不乞求声名鹊起，不羡慕美宅华第，因为所有的眼热、奢望、乞求和羡慕，都是一厢情愿，只能加重生命的负荷，加速心灵的浮躁，而与豁达康乐无缘。

# 幸福就是对生活美好的感受

||||||||||||||||||||||||||||||||||||||||

《世界那么大，我想去看看》《你给生活机会，它才会赠予你风景》，在这些极有青春感染力的文章里，我感受到了自己那颗不安分的心：我也想去寻梦。但我不知道自己的梦在哪里。仔细思量，在日常的烦恼中，在洞悉生活的岁月里。

人生最美的风景在心里，守住自己的心便什么都不缺，一切条件皆因它而满足。心有美景，不必远行。人生有别，各自其美。

慎独的力量是强大的：追求极致和优秀的思想是一种错，平凡的生活才是好生活。云彩再美经风一吹就散了，心情失落要反思。

优秀大多是逼出来的，像失去自由圈在格斗场的奴隶，不主动消灭对手，就被对手消灭。辞职是理想与现实的冲突把自己逼出来的，生活中很多时候面临着类似这样的选择，没有受到苛刻的约束就没有优秀，优秀就是将潜能发挥到极致。这样的优秀除非被迫，否则宁肯不要。

不是不敢辞职，是不能轻易辞职，走得潇洒都是没有后顾之忧或孤注一掷的人。工作是谋生的工具，换份工作就像换了劳动工具，不应该过分影响对生活的体会，幸福取决于对待生活的态度，与生活内容关系不大。

长远看有钱并非一定幸福，贫困也不一定是灾难，福祸相依的道理都懂。幸福在于个人对生活的感受，谁也替代不了谁。并非给他人一个吃用不愁的舒适环境。

　　我们下班走了，我们的董事长还在。富有，不过是某人某方面的资源比较多，富人没有穷人闲时间多，这是普遍真理，穷人就是不珍惜自己时间的人。不在意的才叫富有，在意的无论你有多少，都叫穷，穷就是太在意得失。

　　苦难的生活都能记住，但舒适的经历却未必。不为生计困扰，四肢不勤五谷不分，没有经历生活的苦的人才是乞丐。贪心是无止境的，危险也是永远存在的。

　　贫穷与富有都逃离不了生活，生活自然包括不幸与苦难，生活吻我以痛，要我回报以歌，乐观是对生活和自己最好的回报。危险是保持清醒的良药，苦难是生活中的财富，没有经受过挫败的人是稚嫩的。

　　一个精神富有的人再穷也能活下去，但物质富有精神贫穷的人有可能会自杀。精神与物质不矛盾，物质富有的人大多精神也富有，但物质不富有的人可以有富有的精神，口称贫实是身贫道不贫。对普通老百姓而言，如果没有能力多赚钱，就尽量保持精神富有，以弥补物质的匮乏。

　　人都是自私的，活着只为自己，标榜着为老婆父母孩子活着的人还不都是把自己的理解强加于亲人之上。无论是谁，替代不了家人的感受，也无法替他们生活，所谓为家人受累，不敢辜负了最亲的人，不过是向现实妥协的借口。

　　正确对待生活的态度才是真财富。正确的诠释每人心里都不一样，人都生活在自己狭隘的偏见里，活在自己的恶习中，看不到自己的错，却对他人指指点点。

　　人生有三境界，境界一：独上高楼望尽天涯路；境界二：为伊消得人憔悴，衣带渐宽终不悔；境界三：众里寻他千百度，蓦然回首，那人却在灯火阑珊处。三境界说的是人追寻快乐的过程：与众不同过，努力奋斗过，最后的落脚点还是在平凡的生活中。过来人都体会到平常心是道。

我认为现在就是最好的生活，只是我认识不够感受不到它的美。企图留住舒适和安全感是自寻烦恼。生活离不开阴暗，也不能缺了苦难，苦难使人坚强，帮助承受它的人改掉缺点。

经历不同，对生活的理解不同，不同环境的人追求的东西也不一样，同一物不同的人有不同的感受。有没有想过，认真对待生活，不同的人可以有同样的精彩。

乐观的人即使身在牢房，心里想的也是为离开牢房做些铺垫，相信经历过牢狱会对生活有更深层次的感受，这是资本，也是修行。悲观者担心自己死在牢房，生活在恐惧里。幸福就是对生活美好的感受，无须远走，无须改变环境，走完人生的三境界便是幸福，改变自己对物的态度就能体会到。

# 你的生活是怎样，全在乎你自己

ⅡⅠⅠⅠⅠⅠⅠⅠⅠⅠⅠⅠⅠⅠⅠⅠⅠⅠⅠⅠⅠⅠⅠⅠⅠⅠⅠⅠⅠⅠ

[ 1 ]

前段时间回老家，去看望了四爷，从前他就住在我家隔壁，是一位沉默的话不多的可靠男人。说是爷爷，其实和我爸爸年纪差不多大，辈分高而已。

村子里年轻人大多都已经搬出去了，只剩下一些老人和小孩，一片凋零，但是走到四爷的家里仍然给我一种很大的触动，红墙青瓦的老房子还是显得很精神，院子打扫得干干净净，从前的老杏树依然茂盛，与整个村子的凋零显得格格不入，就如从前四爷会买收音机、会在院子里种花在整个村子里显得有些另类一样。

那时候经济条件普遍不太好，但是我们姐妹俩特别喜欢去隔壁四爷家玩，在忙得不见天日的我的爸妈对比下，四爷的日子过得特别美好。

他有一台复古收音机，每天中午回家就听到从他家传来放歌的声音。他家的院子里有一棵巨大的杏树，春天杏花开，落满地杏花雨；夏天在巨大的杏树下乘凉；秋天杏子成熟，爬上高高的梯子，去摘杏子吃，常常一个村子的人都被吸引而来。

放暑假的时候，和妹妹偷偷借来四爷的收音机，躺在凉席上，听着里面传来港台的音乐，开始向往外面的世界。

那时候，我最羡慕的就是四爷家的小孩，虽然条件不比同村别的孩子好，但是生活得很有味道，总是能见到一些新奇玩意。

这告诉我一个道理，即便在同样艰苦的生活条件下，还是有人可以过得开心。

[ 2 ]

你是不是觉得有钱了一切都好了，幸福一定会随之而来？其实未必，还是看你是否会经营。

从前采访过一个研究三农问题的专家，他经手过许多因为拆迁一夜暴富的人。

然而，突然来的巨额财富，往往会暴露人性里最恶劣的部分。他说，因为拆迁款的分配不均，家里闹矛盾，整日争吵甚至闹离婚的例子数不胜数。

有的人得到拆迁款后，就辞掉工作，在家里吃喝玩乐，很多甚至染上赌博的坏毛病，不过几年，当年几十万、几百万元的拆迁款就全赔进去了。

一家人只能继续出去打工，然而也丧失了从前兢兢业业、靠自己双手努力去挣生活的拼劲了。

想起前段时间热播的电视剧《贤者之爱》，女二号生于暴发户，从小父母就经常不在家，衣食住行都是保姆来照顾，保姆也是三天两头需要换。

家里总是乱糟糟的，一个很美丽的院子杂草丛生，好好的游泳池长满青苔水垢，完全感受不到生活气息。生活在这样环境里的女二号无比羡慕父慈子孝、有着幸福家庭的女主角。

时隔多年后，住在洁白美丽的现代公寓里的女二号却成为人生赢家，丈夫是知名作家，儿子帅气逼人，然而她却更加不幸福了，在缺失爱的环境里，她的心里一片空荡，只有钱。

金钱并未让她更幸福，因为她从未得到过足够的爱，从父母、丈夫、儿子那里。

## [3]

在我父母所有的亲戚里，我最喜欢我的姨妈。

身为大姐，她个性大气，家里的家长里短、兄弟姐妹间的矛盾不合从来不会传到她这里来，她总是强调"家和万事兴"。家里总是收拾得干净整齐，一个小院子虽然不大但是摆满了花草，很方便、很温馨。

她从小就做得一手好菜，炒的蒸的煮的，每年过年，一大家族的人必定会前往我姨妈家聚一聚，见面、聊天，吃着姨妈精心准备的美食，聊着天，好像一大家子人经过这顿饭都亲近了很多。

因为和蔼可亲，又有许多好吃的，姨妈家也是我们一帮晚辈最爱去的地方，在那里拥有许多么美好回忆。此后长大成人，每逢回家必定会去姨妈家看看。

其实姨妈家的经济条件也算不上很好，但是她始终很努力地工作，从前的每天早上起很早卖菜，后来凭着好手艺、好人缘自己开店子，生活渐渐好了起来。

如今60岁的姨妈，儿女双全，子孙绕膝，家庭和睦，真的是安度晚年，在众姐妹中是最幸福的。

看着姨妈这一生，我开始觉得，所谓人气、好运这种东西，真的是可以靠自己经营起来的。过日子最重要的就是精气神、努力、勤奋和一种相信付出就有回报的信念。

会生活，穷日子也能过富，生活也会越来越好。

[ 4 ]

林语堂在《人生不过如此》中写道："我们最重要的不是去计较真与伪，得与失，名与利，贵与贱，富与贫，而是如何好好地快乐度日，并从中发现生活的诗意。"

生活才是一个人的全部。

总有人说，只要有钱了，我一定能过得很好。

的确，生活里的许多问题和麻烦可以用钱解决，比如生病，比如贵的好的东西，更好的教育和旅游。然而这不意味着，当我们没有那么多金钱的时候，就不应该好好经营我们的生活。

一直很喜欢李荣浩的歌和他的歌里传达的生活态度——爽朗、从容。

"有几片云的天空，除了感动还有微风。前面阳光正面照过来，眼睛也不愿意睁开，一生无非几个欢笑悲哀和爱你的女孩。目前最有趣的等待是未来。"

比起埋头苦干，刻苦钻研，爬向山顶，我更欣赏的是，在爬山的过程中，看看风景，适当给自己一些奖赏，欣赏既有生活的样子，愉快地去往目的地。

始终觉得，生命是一场充满欢笑、悲伤的有趣过程，而非一场结局已定的比赛啊。我决定带着玩味的心去面对生活里的未知，而非忐忑中追求既定的结果。

新的一年，我决定带着希望，带着信念，好好去经营自己的生活吧。你的生活是怎样，全在乎你自己。

# 心态决定你生活是什么颜色

||||||||||||||||||||||||||||||||||||||||

乐观，是最为积极的性格因素之一。乐观就是无论在什么情况下，即使再差也保持良好的心态，也相信坏事情总会过去，相信阳光总会再来的心境。

一个人从小到大，无疑会经历无数大大小小的事情，顺境与逆境、快乐与悲伤、理想与现实等，一切都会表现在心情上，值得开心的时候，开心是自然的，而不顺心的时候，想要开心起来可能会难了许多。人要想开心的时候多一些，关键还是心态，即如何面对每天发生的一切。

有个叫塞尔玛的女人，她陪丈夫驻扎在一个沙漠的陆军基地里。她常常一个人留在小铁房子里，天气炎热，没人聊天，而当地的土著居民也不懂英语。她非常难过，于是写信给父亲，说要丢开一切回家去。她父亲的回信只有两行字，却完全改变了她的生活：两个人从牢房的铁窗望出去，一个看到泥土，另一个却看到了星星。

塞尔玛一再读这封信，感到非常惭愧，决定要在沙漠中寻找"星星"。于是，她开始和当地人交朋友。他们的反应使塞尔玛非常惊奇：她对他们的纺织、陶器表示兴趣，他们就把他们最喜欢但舍不得卖给观光客人的纺织品和陶器送给了她。在那里她研究那些引人入迷的仙人掌和各种沙漠植物、物态，观看沙漠日出，研究海螺壳，发现这些海螺壳是十几万年前这片沙漠还是海洋时留下来的……

原来难以忍受的环境变成了令人兴奋、流连忘返的奇景。

一念之别，塞尔玛把原来认为恶劣的情况变成了一生中最有意义的冒险，并为此写了一本书，以《快乐的城堡》为书名出版了。她从自己的房间里看出去，终于看到了星星。

拿破仑·希尔说："一个人是否成功，关键看他的心态。"他告诉我们："我们的心态在很大程度上决定着我们人生的成败。"

不久前，在一家公司就职的李先生被解雇了，他是突然被"炒鱿鱼"的，而且老板未做过多的解释，唯一的理由是公司的政策有些变化，现在不再需要他了。更令他难以接受的是，就在几个月以前，另一家公司还想以优厚的条件将他挖走，当时他把这事告诉了老板，老板竭力挽留他说："放心，我们更需要你！而且，我们会给你一个更好的前景。"

而现在李先生却是如此结局，可想而知他是多么痛苦。一种不被人需要、被人拒绝以及不安全的情绪一直缠绕着他，他不时地徘徊、挣扎，自尊心深受伤害，一个原本能干而且有生机的年轻人变得消沉沮丧、愤世嫉俗。在这种心境下，李先生怎么可能找到新的工作呢？

也就在此时，积极心态的力量发挥了最佳功效，使他重新找到了自己。

有一天，他看到一本书，里面讲述了积极心态的强大力量。看过一遍后，他开始思考自己，他目前这种状况是否也存在一些积极的因素呢？他不知道，但他发现了许多消极负面的情绪，这些负面因素是使他一蹶不振的主要原因。他也意识到一点，要想发挥积极思想的功用，自己首先必须做到一点——排除消极的情绪。

没错！这便是他必须着手开始的地方。于是，他开始改变思维方式，摒除消极的情绪，代之以积极的思想，做任何事情都充满激情。从此，他的整个心态完全变了，他又找到了自己的工作——是他的朋友极力推荐他的。

试想，当李先生心中充斥着不满、怨气和仇恨时，他怎么可能尽心尽力地去找工作？倘若他遇到朋友时，仍然怨天尤人、愤愤不平，你想他的朋友会认为他是个适当的人选而大力向人推荐吗？所以，李先生后来的转机一点儿也不出人意料。他只不过是及时调整了自己的心态，让自己保持了一个乐观的心态而已。

拿破仑·希尔认为：成功人士的首要标志，在于他的心态。一个人如果心态积极，乐观地面对人生，乐观地接受挑战和应付麻烦事，那他就成功了一半。

乐观的人在危机中看到的是希望，悲观的人看到的是绝望。乐观的心态能把坏的事情变好，悲观的心态会把好的事情变坏。

保持乐观的心态，需要我们遇事多从事物好的方面考虑，始终怀有这样一种信念："我行，我一定行！"当我们历尽艰难，获得胜利时，回头看看，原来它并不可怕，并不是不可征服的。

# 没人鼓掌，也要优雅谢幕

ⅠⅠⅠⅠⅠⅠⅠⅠⅠⅠⅠⅠⅠⅠⅠⅠⅠⅠⅠⅠⅠⅠⅠⅠⅠⅠⅠⅠ

今年在一个公司实习的时候，遇见了一个让我充满好奇的女人。公司是开放式的办公环境，每天早晨有人定时打扫。打扫的过程其实要花费很长时间，因为除了扫地、擦地，还需要给每个办公桌旁边的垃圾筐换上新的塑料袋。坦白讲，这份保洁工作不算轻松干净，薪酬也未必很理想。

上班的第一天，我去得格外早，就在我认真地研究着电脑中一堆乱七八糟文件的时候，听见桌子旁边传来簌簌的塑料袋的摩擦声。扭头去看，发现一个三十多岁的姐姐正蹲在那儿给垃圾筐换垃圾袋。当时的我非常不好意思，匆忙起身想帮她，她却摆手笑着说，没事，你忙你的。直到看着她将附近的所有垃圾筐都收拾干净后，我才忽然意识到，原来她就是公司的保洁员。

我之所以这么惊讶，是因为这位姐姐和我印象中的保洁员差十万八千里。并不是我对保洁员的工作有什么偏见，相反我觉得这份工作非常辛苦也非常值得尊重，毕竟干净整洁的办公环境才是安心工作的最起码条件。但是，在我这二十多年的人生中，我从来没有见过一个保洁员如她这般优雅。

你见过哪位保洁员穿细细的高跟鞋擦地吗？你见过哪位保洁员闲暇时会坐那儿安静地看书吗？你见过哪位保洁员自带便当都会摆盘的吗？反正我是第一次见。自从我开始注意她，便习惯性地观察她的言谈举止。她喜欢穿一件黑色的裹臀连衣裙配一双黑色高跟鞋，头发总是散开却一点也不凌乱。早晨是她最忙的时候，待一切忙完，便会坐在前台边上的一个小桌子边看看书，喝喝茶。有时候也会和前台的姑娘聊聊天。时间久了，我都记住了她的杯子——一只骨瓷雕花的咖啡杯。如她的人一般优雅。

念书的时候，无数次在传播学的课堂上讨论着什么是"刻板印象"，却没想，自己果然还是一个俗人，逃不了目光的狭隘。却也被这位姐姐的优雅深深震撼，免不了反省自己的无知与幼稚。活得漂亮很容易，但为自己活得漂亮却很难。

每天早晨挤地铁，你可以看到大把大把的年轻姑娘，穿着漂亮的衣服，画着精致的妆容，张口闭口是英文名字，宁可吃六个月的泡面也要买一个名牌的包包。她们很美，也很不容易，但是这种美丽是被逼出来的。就像一个做时尚类工作的朋友曾和我抱怨，公司的姑娘一个比一个妖娆，我迫不得已只好花钱去报了一个化妆课。我们普通人很容易被环境所影响，并理智地选择最符合大众肯定的方案。有点像变色龙，环境是什么颜色，我们就变成什么颜色。但我们的变化未必出自于本心，也许只是因为，别人都这样。

但公司里面的那个保洁员姐姐的优雅，却从来不是因为别人。公司虽然人多，但几乎都在各忙各的，相互之间很少说话，也必然没有时间和心情去观察一个保洁员穿了什么做了什么。但她似乎从来不介意是否有人注意她，只安静地做着自己该做的工作。我也会想，穿着裙子和高跟鞋擦地真的舒服吗？如果是我，必然穿上肥肥大大的深蓝色工作服，再配一双平底拖鞋。转念一想，自己果然又俗了。舒服不舒服又何妨？关键是在平庸的生活中，你是否愿意为自己活得更漂亮一点？

这个世界上，太多人都不是为自己而美丽。

买一件衣服，会想着我穿上的话，恋人会不会觉得我更漂亮一点，这也许是大多数姑娘的内心写照。这很正常，也容易理解。女为悦己者容，这是千百年来未曾变过的传统了吧。不只是你，我也一样。做文字工作，每天接触的除了女性就是像女性的男性，办公室的蚊子大概都是雌的。在知道我每天六点钟起床、六点一刻就可以背着双肩包、穿着平底鞋、素面朝天出门后，妈妈已经对我绝望了。我每次狡辩的话都是，把自己弄得那么漂亮干嘛，反正又没人看。

如今想想，当初自己也是真的很浅薄。难道美丽就是给别人看的吗？随着年龄的增长，心境也会逐渐变化，越发能体会川端康成那句"凌晨四点钟，看到海棠花未眠"的韵味。当初的心境是，我若盛开，清风自来；现在的心境是，我若盛开，清风爱来不来。如昙花夜间悄悄绽放，你看见也好，看不见也罢，一室清香终究是有所得。美丽，从来只属于自己。

说到这，不得不提自己的一个阿姨。阿姨今年已经五十多岁，按理说应该是过着含饴弄孙的生活。但阿姨不仅外表年轻，心态也极为年轻。她喜欢旅行，热衷拍照，敢于尝试一切年轻人喜欢做的事情。在自拍杆还未大范围流行的时候，她就已经买了一个愉快地和朋友们一起自拍了。她身材保持极好，喜欢买年轻人喜欢穿的衣服。在她看来，只有她穿上好看不好看，没有她年龄符合不符合。你可以和她聊化妆，聊美容，聊八卦，聊旅行，她即使有不懂的时候，也是充满着好奇与探索。我想，这位阿姨和那位姐姐应该是一样的人。她们的世界其实很简单也很纯粹，她们懂得欣赏自己的美，懂得欣赏这平庸的生活。她们是自己生活的主人，而不是生活的奴隶。她们无所畏惧，内心满足，因为生活已经给了她们最好的礼物——强大的内心，理智的认知，乐观的态度，以及由此生成的优雅人生。

优雅和金钱、地位有关系，却也没有关系。中产阶级以上的生活确实很容易培养出孩子优雅的气质，但气质不等于内心。新闻中那么多的衣冠禽兽，不是很多都是风度翩翩、仪表堂堂吗？礼仪是可以外界培养的，但优雅的心态却是需要自我修炼的。

　　做一个漂亮的人很难，因为你需要别人对你容貌的肯定；做一个聪明的人也很难，因为你需要自己对别人智商的碾压；但做一个优雅的人却很容易，因为你不需要观众，只需要一份心情就好。就像阴天需要打伞，就像天冷需要盖被。当有一天，你终于可以将自己活成自己的主人，将优雅变成习惯，不再计较那些功利得失，自然就会变得从容淡定美好。

　　实习早已经结束，学到的却不仅仅只是技术。尽管离开公司已经很久，但时常会想起那个可以穿着高跟鞋优雅地打扫卫生的姑娘。想必在这样的人心中，没有什么日子是没有阳光的。即使没有阳光，也无所畏惧于黑夜中起舞。自己就是自己最好的观众。当我逐渐想明白了这点，也开始重新打量起自己的生活。

　　原来因为担忧搬家麻烦，所以很多东西都习惯性地买一次性的。方便是方便，扔了也不会心疼，但总是少了几分生活的气息。因为身边充满了一次性的商品，所以有时候连生活都觉得是一次性的。看到什么想要的想买的东西，总是会自己劝慰自己，对付用吧，反正都一样。于是，时间就在我一次又一次的对付中流逝，生活就在我一次又一次的对付中变得越来越廉价。我们总以为，什么都可以对付，对付的是别人。殊不知，我们最终对付过去的只是我们自己。因为我们终会在年华逝去中平庸老去，一无所得。

　　就像舞蹈未必要在聚光灯下夺目，就像昙花未必要在百花争艳时盛开。你若觉得我相配于这俗世繁华，我定然感谢你慧眼识珠的珍视；你若觉得我不配于这万千繁花，我选择深夜盛开，独自起舞，也绝不辜负这年华似水，我有幸走过。即使有一天，我一无所有，行乞于街头，又何妨我以水为镜，对月梳妆？年龄，工作，性格，身份，我们什么时候开始背上这些枷锁，从此活在井底？

　　成为别人期待的人很容易，成为自己期待的人很难。活成别人的美丽，不若活出自己的优雅。当一万个人说你不配的时候，你是否有勇气相信自己值得？在聚光灯下舞蹈也许很紧张很难，但在黑夜里舞蹈则需要更多的勇气与力量，因为没有人会给你鼓掌。但内心真正强大而优雅的人是无惧于孤独的，因为生活就是最好的舞台，自己就是最好的观众。

活得优雅是一辈子的事情。我若盛开，清风爱来不来。

# 其实生活没有那么多的苦大仇深

‖‖‖‖‖‖‖‖‖‖‖‖‖‖‖‖‖‖‖‖‖‖‖‖‖‖‖‖‖‖‖‖‖‖‖‖‖‖‖

我曾有过一段非常不开心的时光，或许是因为工作，或许是因为感情，又或许是些微不足道的小事，但总归打不起精神来，在办公室如坐针毡，走在路上也觉得愁云惨淡，根本没有任何心思看完一部剧，甚至连早上起床也会觉得非常生气，质疑生活，也质疑自己。

那时候我住在古北，周围都是日本人，邻居，上下楼，时时刻刻听到他们用日语问好道别，当时我所在的公司在徐汇，不远，地铁可以直达，从水城路到徐家汇，不过二十来分钟，所以我上班从来不匆忙。隔壁的日本男人总是西装革履提着公文包出门，看见我会情不自禁地说一声："哦哈哟。"他笑得很诚恳，但是我总是苦大仇深地看着他，甚至连一点回应也没有，到第二天，他突然改说起了蹩脚的中文，向我问好。

"早伤（上）好。"

"你好。"虽然我还是要死不活的，但是确实被他的热情感染到了，不得不回应一句。

就这样，我们成了早上问候对方的朋友，有时候下班回家也会遇见，他说他叫藤井，我说我只知道藤井树，在岩井俊二的电影里，是柏原崇演的。或许他没听太懂，但是就一直笑，然后点头说，是呀是呀。我想你都没听懂，摇头晃脑地答应个啥，但是出于对国际友人的尊重和保持中国人应有的素质，我没有揭穿他。

有一天他来敲门，说，我太太和我，吃饭，和你，想。

虽然这语序实在有点怪异，但是我想我听懂了，当时我已经烧好水在泡方便面，原本想就此拒绝，但看着他恳求的眼神，我硬是把拒绝的话咽了下去。

踏进他们家的瞬间，我突然不知道该把脚往哪里放，整个屋子整洁得如同样板房，她太太竟也用中文说："你好，请进。"我有些举手无措，显得格外不自然，或许原本就没有和日本人交往过，加上心情确实不够好，所以也只是木讷地坐在那里，甚至想干脆找个理由回家好了。

桌上都是典型的日本料理，精致小巧而且色泽鲜美。藤井说："朵作（请）。"然后做了一个吃饭的手势，我不好意思地点点头，然后听到他问："你一个人吗？"我点点头，他又不觉说了一句："傻比兮呢。"我当时差点愤怒得跳起来。这时他太太似乎注意到我的脸色，立马解释说："sabishi是寂寞的意思。"我似信非信地看着她，又不想表现得无知，也就没再表现出过多愠气。

他太太原来是和中国客户对接的产品经理，所以中文比较好，虽然不流利，但是基本上交流没问题，反倒是藤井，他说两三句，我就总是误解成别的意思，后来干脆埋头吃饭，这时藤井太太突然说，我觉得你好像总不是太开心。

我抬头望了她一眼，说，有吗？没有吧。

那是我非常难熬的一段时期，工作上遭受瓶颈，不管怎么做，似乎都得不到上级认可，即使别出心裁想要做出一些不一样的事情来，结果却适得其反，弄巧成拙。有时候面对一堆事务，做到晚上九十点，办公室剩下自己一个人，回家的路上才注意到女朋友的未接电话和短信，回过去只能惹来更多的争吵，最后不欢而散，回家躺在沙发上，一动不动，郁郁寡欢，电视里还放着狗血的相亲节目，那些成功的男人站在台上等着女人们亮灯灭灯，而我这样的人，估计连站在那里被选的资格都没有。

我怎么会开心呢？

有一天下楼遇到藤井太太买菜回来，看见我，也是热情地打了招呼，我随意地点了点头，就听见藤井太太说："千万不要不开心，否则会花钱的。"当时我先是一愣，然后望着她，她嬉笑道："我没有开玩笑，所以赶快开心起来吧。"

我望着手机屏幕发了很久的呆，最后回了一句，好。

那天夜里，我辗转难眠，突然想起藤井太太说的那句话，思来想去，决定第二天去找她。因为调休，我正巧有时间，敲了藤井家的门，她丈夫已经上班去了。她看见我站在她门口有些意外，我说："能和你聊聊吗？"

或许因为上班的时间，咖啡厅人很少，藤井太太坐在我对面，她是非常端庄的女性，虽然不知道岁数，但看起来确实很年轻，那天她穿着一件雪白的纱织外套，一点不像已经结婚好几年的妇人。

"藤井太太说不开心的人都是要花钱的是什么意思？"

"啊，高先生你是一直在想这个问题吗？"

"起初也没有放在心上，但最近确实发生了一些事情。"

"哦，这样子啊，我那天那句话，其实是我先生告诉我的。"

"怎么说？"我好奇地看着她。

她微微一笑，端着咖啡抿了一口，不急不忙地讲道："之前我和我先生住在福冈，那时候我们刚刚从大学毕业，虽然不是像早稻田或者东大这样的好大学，但是总的来说也不算差，可是毕业之后依旧很难找到合适的工作。那时候我和我先生可不好过，成天吃速食面，很辛苦，却充满了抱怨，最主要的是我，当时已经快撑不下去了，我先生却说，不开心的话是要给上天交钱的，我开始以为他开玩笑，结果第二天出门的时候，因为心急火燎去面试，结果不理想，回家就很烦躁，看着家里泡面没有了，就坐公交去附近的超市，但是你知道吗，我出门竟然忘记锁门了，回家的时候，东西被盗了。"

"真糟糕。"

"对，就是那天，我提着一袋泡面站在门口，心里发麻，钱全没了，我先生回来的时候，我已经哭了快一个小时了。他没有骂我，只是和我说，看吧，不开心的话，就要给上天交钱的。"

"你先生好像哲学家。"

"不，他也是从别人那里听说的，但是就是那天，他抱着我，说，不如，就干脆不找工作，去上野公园看樱花吧。"她微微一笑，"要说不想是不可能的，但是当我和他真正站在上野公园的时候，我突然觉得好像事情也没有那么糟了，先生讲，你要是继续不开心，就会交更多的钱，上天最喜欢找不开心的人收费了，或许当时就真的信以为真了，总觉得要是继续这样不开心下去，就会发生更严重的事情，加上那天樱花真的很美，回去之后心情就不一样了，说起来很奇怪，可是真的就是这样，原本投十封简历，就改投二十封，原本被讨厌的地方，就尽量在下一次不要表现出来，没多久，我和先生都收到了公司的邀请信。"

"昨天我也丢钱了。"我低头说。

"是吧，果真是这样呢。我还有些朋友，他们不开心的时候就会忍不住买东西，或者伤害自己，最后终归都要花钱来解决，时间久了，就觉得这句话是有道理的。"

因为不开心，事情比原本预计的还要糟糕，不加薪，反而因为心情不好迟到而被扣钱，和女友计划好的未来，也立马被打乱，甚至不留神就丢东西，果真朝着非常不利的方向发展。

我打电话约了女友在人民广场见面，我们已经很久没有见面了，我差一点有些认不出她来，她黑着脸看着我说："叫我出来干吗？"我说："没什么，就坐坐吧。"我递给她一杯买好的奶茶，她似乎没有那么生气了，然后我们聊了天，聊了我们似乎长久都没有聊过的对方，她又考了什么资格证，又去了什么地方，遇见了什么人，原来我已经漏掉了这么多东西。那天天气很好，可能就像藤井太太说的那样，我突然觉得心情也没有那么差了。

藤井夜里突然来敲我家的门，递给我一个像锦囊一样的东西，他说，这是御守，希望可以保佑我顺利起来，末尾就和她太太说的一样，用蹩脚的中文和我说，不开心，要花费钱的。我瞬间就笑了。

说来也奇怪，从那天开始，我好像开始转运了，有人打电话说捡到了我的钱包，因为里面有我的名片，他干脆送到了公司楼下，而之前的领导去了菲律宾，新来的领导看了我之前被pass掉的方案，居然重新捡起来想要进行，女友和我重归于好，我们也决定了年底结婚。

早上醒来的时候，突然听到隔壁轰隆的声响，我开门去看，发现藤井夫妇在搬东西，"你们这是？"

"我们要回日本了。"

"啊，这么快？"

"是的，说来到中国也有一年多了，我先生工作调动，所以不能继续留下来了。"

"哎，才刚刚熟悉。"

这时藤井先生冲上来，说："你，是个好人，开心了。"

我冲着藤井先生笑，藤井先生说："你笑，很好看，不要，苦脸了。"藤井太太紧跟着说："所有的开心都是免费的，不是吗？"

好长的日子，我都以为早上打开门可以看见藤井先生诚恳的微笑，和那句走音的"早上好"，但是楼梯间除了我，就只剩下从顶上圆窗投下来的阳光了。

# 面带笑容，不惧风雨

||||||||||||||||||||||||||

人在滚滚红尘中行走，总有些季节，一季花凉，满地忧伤，总会有很多不如意的事情，面对学习、生活中的种种不如意，有的人一味地埋怨生活，变得消沉，有的人则保持乐观的态度，面对逆境迎难而上。

我觉得最好的办法就是"笑对人生"，笑虽是人生中最简单的事，但笑也同样是我们人生中最宝贵的财富。

法国作家萨克雷说过"生活是一面镜子，你对它笑，它就对你笑；你对它哭，它也对你哭"。若用乐观的态度去对待生活，就会发现生活原来是如此的美好。心中没有阳光的人，势必难以感受到阳光的温暖；心中没有花香的人，也势必难以发现花朵盛开的灿烂！

苦短人生，何必还要栽培苦涩？打开尘封的心窗，让阳光雨露洒落每一个角落，每一片生命的原野。对于坚强的人来说，苦难只是脚下的一块垫脚石，他会微笑着踩着它继续前行；对于弱者来说，苦难则是一个万丈深渊，他会因此变得自暴自弃。

人的一生短短几万天，无论我们走在哪一程，只要面带笑容、坚强执着，就一定能不畏前方迷雾，不惧雨打风吹，只要乐观地看待挫折，我们就一定能"拨开云雾见月明"！

微笑是生活中的一种释然，与贫富没有必然的联系。一个富翁可能整天忧心忡忡，而一个穷人则可能整天笑声不断。笑看人生是一种真谛，更是一种境界。

"尺有所短，寸有所长"，没有苦，哪来的甜？没有绿叶的陪衬，又哪来鲜花的妩媚？高有高的伟岸，矮有矮的玲珑，滴水也能穿石，我们应要牢记诗仙李白的诗句"人生得意须尽欢，莫使金樽空对月，天生我材必有用，千金散尽还复来"。

纵然我们平凡，纵然我们不可能一帆风顺，但也要坚信，只要我们于红尘陌上一路播种微笑，怀一份淡然的安静，携一份悠然诗意前行，我们定能走向红尘的别样洞天，领略到人生的另一番美景，收获到生命的种种惊喜。

纵然人生道路崎岖坎坷，前方之路山重水复，只要我们冷静从容，微笑面对，最后，我们一定可以"柳暗花明又一村"，一定可以站在胜利的彼岸聆听随风传来的锦瑟绝唱，以快乐的心情，观岁月静好。

人生，就如同一场马拉松比赛，是一次长途的跋涉，它需要顽强的毅力。哪怕是漫漫长路，只要我们一步一步踏实地走，也终能走完，即使人生有再多的不如意，我们也要用微笑和智慧化腐朽为神奇，化钢铁为绕指柔。

"年轻的灵魂是不会相信上天和命运的"，我们要做命运的主人，要让生命的管弦奏出悠扬的乐章，我们用洒脱的心态去看待看生活之路的峰回路转，品生命的千滋百味。

人生悲喜，本就是看我们如何落步。对于一块石头，将它背在背上，它就会变成一种负担，若将它垫在脚下，它就成为你进步的阶梯；对于你一块木头，可以让它慢慢腐烂，也可以让它熊熊燃烧。

人生或许就是不断地选择与面对。许多人，走了，就让它成为生命中无足轻重的过客；许多事，过去了，就让它成为路过的风景。生活的阡陌中，没有必要让自己背负得太多，淡淡听风，才会走得更轻松。

生命的精彩就在于：把握现在，微笑向暖。给自己一份坚强，擦干眼泪；给自己一份洒脱，悠然前行。生活终究是美好的，有温暖的阳光，有随风飘荡的白云，有清香的花朵，有的时候不快乐，也是因为自己关闭了心房。不如揽一份诗意，学学古人"宠辱不惊，闲看庭前花开花落；去留无意，漫随天外云卷云舒"的情怀。

生命，在冷暖交织中前行，人生，在悲欢离合中继续。人生如戏，一旦拉开人生的帷幕，便或悲或喜，可能会穷途末路，也可能会绝处逢生，但只要心中充满希望，微笑面对，哪惧那跌宕起伏的剧情？人生镜头中最美的画面，便是那面对挫折回眸一笑的洒脱……

# 换一个有阳光的方向开始生活

||||||||||||||||||||||||||||||||||||||||||

我发现自己是个很消极的人，是从健身时候开始的。

每当教练让我做一个稍微有点难度的动作或者器械，我的第一反应就是"不可能""我做不了"，但每次在教练的威逼利诱下其实都还完成得不错。教练说我应该对健身有热爱的心态，要求我做20次，我应该有做40次的激情，尽管可能并不会让我做40次。而其实我挺热爱的，但是遇到困难的，可能要很痛苦的，就会自动地感觉不可能，我做不到的，久而久之，我就变成了很消极的人，无论做什么都感觉自己是在哭号中被动地完成。

仔细想想，其实在日常生活中我也是这样。每当遇到不怎么好的事情，第一时间在想怎么办的时候，总会下意识地把所有最极端的坏处都想到了。比如怀疑出门没锁门，就会想被偷了，家里损失惨重；怀疑没有关灯，就会想电路爆炸，家被烧了。但实际上什么都没发生过。

这是病，得治。

意识到这个问题的时候，我觉得这个问题已经影响到我的日常生活了。社会纷繁，压力越来越大，每当出问题的时候，我总会觉得生活很绝望，仿佛进入了一个万劫不复的深渊里。但我又不爱抱怨，于是就闷在心里，我的生活就被蒙上了一层乌云。如何让自己成为一个积极乐观的人，成为某段时间最重要的事。

真正下决心改变一下，是因为我的先生。每次发生不同的事情，他总像没事儿人一样，在他的心里，问题什么时候都会有，为什么不想得积极乐观一些，明天的困难明天再发愁，今天着急什么？我仔细分析了自己的消极心理，如果换一个角度想，是否会变得不一样呢？

比如工作上遇到困难，以前我会觉得自己陷入了工作的绝境，分分钟想要辞职。但现在我会想，这是考验我的一个好机会。都快三十岁的人了，一帆风顺并不是一件好事情，早一点遇到一些困难，等明年的此时回过头去看今天，一定会觉得简直就是小儿科。这样一想，便会觉得自己会因此成长很多，战胜困难的勇气便滚滚而来。再比如说最近股票大涨的时候，我们卖股票卖得早了，以前会觉得很后悔，感觉丢掉了很多钱，但现在尝试想想，赚的那些就是老天爷让我赚的，剩下的继续大涨而可能赢得的钱都不应该是我的，人要有节制。而股票大跌的时候，告诉自己这是锻炼承担风险的能力的好时候，虽然投入得不多，但也很心疼钱，但同样是锻炼自己放长线钓大鱼的长远眼光的时候。这样一想，股票的大涨和大跌，自己心态便会平衡了不少。

当思想改变的时候，我发现我的生活里笑容多了一些，也没那么多的焦虑和绝望了。其实很多生活里的事儿都不是什么大事儿，越是一个人消极地想，越容易走进死胡同。特别是进入社会越久，个人担负的关系能力责任愈加复杂，在考虑问题的时候更加容易混乱，以及想得很严重，但事实上，除了死，没什么大不了的事儿。很多自己觉得很重要的事儿，其实也就那么回事。

再去健身房的时候，虽然还是没有表现出有病一样的热爱和积极，但在做每个动作的时候，都会下意识地告诉自己"试试看"，而不再是"我做不了"，这样想，整堂课的参与感更强了，锻炼效果也更加明显了。接下来最重要的，就是在生活和工作中慢慢改变自己消极的想法，做一个凡事积极乐观的人。这是一件说起来容易，做起来很难的事情。改变生活里阳光的方向，从变换一个思考角度开始。

# 告别哗众取宠，归依包容平静

| | | | | | | | | | | | | | | | | | | | | | | | | | | | | | | |

我喜欢洪应明《菜根谭》这部语录集里的一句话："宠辱不惊，闲看庭前花开花落；去留无意，漫随天外云卷云舒。"

当自己觉得心浮气躁或者是看到外界特别纷扰和喧嚣的时候，我就告诉自己，不要哗众取宠、不要随波逐流，要学会在浮华尘世中保持一份"闲看庭前花开花落"的平静与淡然，这才是一个人从生涩走向成熟，从弱小走向强大，从自卑走向从容的真正体现。

不过，这种个性的养成，不是一天两天或是与生俱来的，而是一个人在经历过无数的风风雨雨、看见过无数的人情世故、体验过太多的人情冷暖后，发自肺腑的一种心灵顿悟。

这一点我有着深刻的体会，因为从中学到大学，我的内心里充满了自卑和胆怯，不管做什么事情，看着别人一个个尽情地崭露头角，而自己却莫名地感到自卑，在这样的情况下，自己会想尽一切办法去做些事情，以此引起他人的注意，从而抚慰自己那颗敏感脆弱而又无比自卑的心灵。可是，这种行为，并没有给自己带来多大的心灵慰藉，相反，有时候觉得自己就像是东施效颦，不仅没有收获自己渴望的东西，甚至有时候连自己都差点弄丢了。

这其实是一个人自卑的一种表现。就像我们刚刚毕业的时候，大家都在拼命地晒工作，恨不得自己能够一下子把别人都比下去。后来，工作慢慢步入正轨，很多人又开始各种地晒收入，他们试图通过收入的多少，来衡量自己在这个群体当中的地位等等。正因如此，各种同学群、聚会便也成为炫富场。这是一种可怕的现象，也是一种虚浮的生活。

我记得特别清楚，毕业之后，各种各样的同学群层出不穷，刚刚进群的时候，大家都巴不得要让所有人都把目光聚焦在自己身上，仿佛那是一种耀眼的光环。可实际上，浮华与喧嚣过后，每个群都是死一般的沉静。我是一贯不喜欢在这样或那样的群里聊天的，因为不管自己说什么，都会有人瞧不起自己。你低调不出声，人家觉得你没本事，你高调张扬，人家觉得你做作。总之，没有几个是真心希望你过得好的，相反，个个都害怕你比他们过得好。

我有看到一些人，时常去和别人比收入，见到人家比自己差，沾沾自喜，甚至不忘贬损他人一番。而遇到情况比自己好的，就开始各种讨好献媚，感觉非要攀上点关系，才能找到心理安慰。其实，我觉得这样的一种人，活得特别累，也特别不真实。生活或者工作都是自己的，何必非要和别人一比高下。腰缠万贯的人未必能够有闲情坐下来陪家人喝个下午茶，而你认为人家穷得叮当响的人，人家夫妻恩爱同甘共苦没准也不失为另一种美好人生。作为外人，何必去评头论足。

真正从容与强大的人，不是嘴上说得有多强大，而是无论自己身处何种位置，都学会不攀比、不炫耀、不自卑、不狂妄。晴天享受阳光灿烂的美好，雨天感受烟雨蒙蒙的曼妙。

我特别清楚记得以前的自己，一遇到雨天，就不停地担心这个操心那个的。一是生怕家里生意不好做，忧心忡忡，另一方面是担心孩子上学不便，各种操心。可是，有一次，当我和一个朋友表达我的忧虑时，他对我说："你为什么不能想着，下雨天家人不忙着打理生意，你们就可以尽情享受阖家团圆之乐。而孩子哪怕真的大雨倾盆去不成学校，休息一天两天又如何，人生几十年，多学一天两天和少学一天两天真的没有多大区别，你如果相信我，你就试着去放平心态。"那时候，我顿然觉得自己就像是寓言里那个傻傻的家长，应迈开步子走出心灵的泥潭。

从那以后，我开始反思和沉淀，遇事不再总是焦虑不安，特别是自己心浮气躁的时候，就告诉自己这个时候千万要冷静，不然冲动就会做出很多不理智的选择和决定，甚至会说出刺痛他人的话。而面对外界的各种纷扰，我开始慢慢地去淡化外界对自己的影响和困扰，凡事多听从内心的想法，多学会放下曾经的焦躁和轻浮。如今，随着年岁渐长，随着历练的增多，我慢慢发现自己已经不再像曾经年少轻狂的时候那般鲁莽和冲动，也不会因为别人一点鸡毛蒜皮的事情斤斤计较，而对于他人的种种是非恩怨，有时候竟也能一笑而过。

我记得我写过这样一句话：走过岁月，方知从容是一种成长；走过生活，方知平静是一种强大。我想，这大概就是一个人成长和成熟的标志吧。

# 用一份好的心情去享受时光

‖‖‖‖‖‖‖‖‖‖‖‖‖‖‖‖‖‖‖‖‖‖‖‖‖‖‖‖‖‖‖‖‖‖‖‖

[ 1 ]

不知道对面的你有没有过心情不好的时候，或是被气得怒发冲冠，或是被气得坐立不安，或是无论做什么都没心思，好想大哭一场，却欲哭无泪。

让我们心情不好的事可大可小，有些是实实在在发生的，有些可能只是自己疑神疑鬼，瞎猜的。

有时候我们知道症结所在，有时候甚至也不知道原因在哪里，只觉得心情被乌云笼罩着，那种无力感就像陷入了沼泽地，一个劲儿地告诫自己不要在乎，不要在乎，却越陷越深。

不知道大家有没有什么好办法，能够让好心情快点回归原位。培养好心情，这是一种战胜自己的能力，是一种让自己变得强大的能力，是一种让自己幸福的能力。

试想想，如果你连好心情都没有，又如何去感受生活，去享受时光，去体验幸福呢。

[ 2 ]

见过一个女孩安安，15岁左右的样子，人不大，但是对管理情绪却很有一套。刚刚还在生气呢，噘着嘴，发着脾气，可过了不一会儿，就又嘻嘻哈哈的。

我很好奇，就问安安，你怎么这么厉害，刚才还在生气，一转身就跟没事人儿一样，光速啊！教教我。

安安的回答带着几分稚嫩，说这有什么了不起的，你就当被大风刮跑了，被大风刮跑的东西，你老想着它，有意义吗？忘了就好了。

我又继续问安安，那你是怎么做到的，她说妈妈总是骂我，习惯了，我就练就了一身绝技，转身就忘。安安哈哈哈地边说边笑。

西方一位哲学家说过，人有趋乐避苦的天性。安安年纪尚小，还未学会那些入世的为人处世之道，这种好心情的复原，是她在反反复复和妈妈周旋的日子里练成的转身就忘的本领。她逃离不了妈妈的唠叨和责骂，但可以选择忘记，这种方法，更接近人的天性。

[3]

还听过一女生娜娜说她老公，忘事的本领也超强大。娜娜说她老公躺在床上正跟她说公司里的烦心事呢，说哪个领导又在背后搞小动作，给他穿小鞋，娜娜听了之后正犯愁如何帮老公想办法，说你说话以后不要太直，省得得罪人。可是谁知道，话音还没落地，就听见她老公打起了呼噜，自顾自地睡着了。

我就当面夸娜娜，说她老公本领真厉害，性格真好，不计较。娜娜却撇了下嘴，不赞成地说，都因为他老公家境不容易，从小受了很多人家的白眼和议论，所以早就习惯了左耳朵进右耳朵出，从来不把别人的批评和评价太当回事，练就了只入耳，不走心的本事。娜娜老公的床头常放着《增广贤文》的书，"谁人背后无人说，哪个人前不说人""相见易得好，久处难为人""路遥知马力，日久见人心"，这些历朝历代的格言也是娜娜老公常常鼓励自己的警句。

娜娜老公不看局部，不惹一时之气，而是从人类发展的大格局来看，因为没有多少人能逃得出命运的左右与轮回。

[ 4 ]

我一朋友秀秀却无法参透世事，常常被她老公气得哭哭啼啼，说严重的时候，气得心脏都疼，实在受不了。秀秀说如果她老公再发脾气，就离开他，但因为她老公是很有责任感的人，只是偶尔脾气暴跳如雷，所以秀秀根本舍不得离开她老公。看着秀秀纠结得难受又病恹恹的样子，我实在分不清她是因为生气生得多了，被气得病恹恹，还是因为体质弱，没有更多的能量来管理自己的情绪，才生气。

总之，秀秀的人生被坏情绪笼罩着，没有能力摆脱。看着秀秀难受的样子，我决定跟秀秀分享一下获得好心情的办法，看她能不能从中获得一点启发。

我自己，有时候也会因为公司或生活中的一件事翻来覆去睡不着觉，被坏情绪笼罩着，后来我通过学习心理学知识，学着积极、有意识地管理情绪，才发现同样也可以随时随地拥有好心情。

[ 5 ]

要想管理好情绪，特别是在坏情绪笼罩的情况下，让好心情快速复位，一定要知道这些不得不知道的秘密。

1. 要知道的就是气大伤身

很多人生气时都有心脏不舒服的感觉，这是有科学道理的。

因为盛怒之下，体内激素分泌过多，血液中高浓度的血管活性物质促使心跳，血液循环加速，像洪水一样冲击血管和心脏，使血压急剧升高，心脏负荷加重，耗氧量剧增，心肌细胞受损，心律失常。严重的甚至可能造成心绞痛、心肌梗死。

所以生气之前，大家还是掂量掂量，到底是生命重要还要生气重要。

2. 要知道最爱的人伤你最深

能够结结实实或长时间、经常性地气到你的，都是你最在乎的人或事。他们要么太在乎你，对你干涉太多，伤害了你的自尊，妨碍了你的自由；或是你太在乎对方，让对方的一举一动，一颦一笑，搞得你一惊一乍，所以生气的时候，要停下来想想原因，问问为什么，是不是太亲近了，没有保持适当的心理距离，要记得他是他，你是你，不同的人，要保持对对方最起码的尊重，让他拥有最起码的自由，要学会为自己的人生和情绪适当留白，留有缓冲的余地。而对于那些非常在乎的事，要想想有没有必要。

3. 要承认人与人有巨大的差距

人与人是有差距的，而且差距非常大。这种差距不光是经济、地位，家境、性格、职业，更有发展机会和平台的差距。

我就问了秀秀，秀秀也承认，人肯定是不同的。因为秀秀也知道，嘴甜的、体贴的人，对谁都很博爱，当初她就喜欢老公的耿直与率真，但如今，她居然被他的耿直吓到了，被她老公有什么说什么，不会拐弯的性格给伤到了。

我对秀秀说，所以既然你喜欢有血性的男人，就得照单全收他暴脾气的弱点，否则怎么可能将他一刀劈两半，喜欢的一半留着，不喜欢的一半扔了呢。

如果你承认人与人的差距，就会理智地看待每个人、每件事，而不会单一地按自己的喜好强求对方长成自己喜欢的模样，接受他好的一面，同时也要接受不好的。

[ 6 ]

虽然我们也都理解这些大道理，但实际做的时候，还是做不到。心情不好时，就看看这些小技巧吧。

1. 睡觉

每天早上睡到自然醒时，都觉得满脑子阳光吧。阳光会把忧郁的心情赶跑，能睡觉就赶紧睡觉吧。

2. 读书

读书，读书，多读书，重要的事说三遍。书中自有黄金屋，书中自有历尽千辛万苦早早到达幸福彼岸的人，他们的经验就是你的方向。

3. 运动

运动会让你全身的血液和细胞活跃起来。思维活跃了，总会想出办法解决问题。换个思维，才能继续理论，至少把身体练得棒棒的，才有力气继续斗下去。

4. 冥想

生气时，做一下冥想练习吧。想象如果你被气死了，谁会在乎你。地球会照转不误，太阳会照常升起，不在乎你的人会该干啥就干啥；在乎你的人，会肝肠寸断。你忍心他伤心吗？所以为了你爱的人和爱你的人，也要好好活着啊。或者想象这世界只剩下你一个人了，没人能气到你，但你活着又有什么意思呢。

这么简单的逻辑，好好冥想一会儿，看看生气值不值得了吧。

还有其他获得好心情的办法，比如转移到让自己开心的事上，跟小孩子，老人或是心如止水的人聊天，刷喜剧连续剧，逛街购物，享受美食，远离让自己心情不好的源头，让自己开心。

但是最有效的，还是要就事论事，抓准症结，解决问题。否则其他办法，只能治标不治本，解决得了一时，而不能从根本上解决问题。

实在逃不掉的事、离不开的人，躲不过的环境，就要学会像安安和娜娜的老公那样，学会遗忘。

这么多培养好心情的办法，总有一款适合你吧，或者你自己也能发明很多让自己开心快乐的方法。

意识到培养好心情是一种幸福能力的话，就证明已经是成功的开始了，已经朝着成功迈进了。

让我们为了所爱的人和爱我们的人，培养好心情吧。让我们的心情美美地，也用好心情影响爱我们的人。

# 换一种方式去对待你的痛苦

||||||||||||||||||||||||||||||||||||||||

　　除了幸福欢喜，我们的生活还都会经历各种苦痛伤愁，难过与纠结中你要说多少天才能过去？我选择只说一天，一天过后该做什么做什么，过不去的也得克制情绪让一切过去，为了自己的时光不能辜负，为了爱人的深情不容错过，为了家人的幸福不会失去。

　　我们的生活都会经历各种苦痛伤愁，学业、工作、爱情、婚姻和家庭等等，都常常和痛苦如影随形，这是我们成长的代价，不然也不会有真正的快乐与幸福。我们都还是这样的年轻，所以常常走错路，爸妈在路的起点喊了又喊，可我们仍然越走越远。当你最终顺了自己的心，而不是遵循生活的习惯，为自己选择了方向与路途时，就不要抱怨。谁知道走错也是路呢？走错的路上风起云涌，荆棘丛生，沼泽遍地，但那确实也是一条路。错误里也会有机会，也会有峰回路转，但你一定要挺住，不要轻易地倒在路上，进不得又退不了，让错误一环套着一环。即使是在一步错误里，你也要相信，你还有最后的自由，就是选择自己面对这种错误的态度。

　　每每深夜的电话和微信里，都有一颗辗转难眠的心，苦痛伤愁的起因或许不同，但每个声音和每个字都是自己的最痛。我感同身受，是因为我也走过错的路，也正在或是曾经经历，为了自己想过的生活就必须付出代价。我之所以说再大的痛都只是个"代价"，是因为从没有苦了就放弃、痛了就认输、愁了就没完没了折腾自己，又顺便把身边最爱自己的人也折腾到疲惫失望。当女友问遇到烦心事会难过几天的时候，我说："以前我只说三天，现在我只说一天，一天过后该做什么做什么，过不去的也得克制自己的情绪让一切过去，为了自己的时光不能辜负，为了爱人的深情不容错过，为了家人的幸福不会失去。"

这样的一天当然是难过的，我也会表达自己的伤感或是愤怒，也会在一些纠结难安的情绪中变得脆弱不堪，一点都不再美好。当生活和工作中的各种烦恼袭来，关起门来自己解决和消化最好，外人的介入并不能帮我们做出决定，而自己的体面和风度往往是我们抵御伤痛的最后一道屏障，静待狂风暴雨过去，淋湿了心也仅限于那一天的寒冷。第二天当然也会阴霾继续，那就画个太阳温暖自己。你记得微笑，别人的天空也会向你敞开艳阳，心底的爱终究会让一切难过一笑而过的。不论遭遇了什么，我们能做的就是接受不能改变的，努力改变可以改变的，有些问题需要当机立断，有些问题需要搁置争议，还有些问题则需要冷藏。无关乎生死的就都是小事，我们就应该庆幸，好好活着别去作死。

女人常为爱活着，甚至为此放弃了尊严，于是那爱也变得廉价。当女人失去爱时才会想起来尊严，虽然已经晚了，可女人却开始了不放弃，结果却是闹到爱与尊严完全丧尽。对于以分手而告终的爱情，大多数情况下我们都不应该去谴责谁，我们有爱的权利，也有拒绝的权利。男人常为尊严活着，甚至为此轻放了爱情，往往喜欢嘴巴上死硬到底，哪怕是失去了挚爱他也保持着他那虚伪脆弱的尊严，这又最伤了女人心。在男人"劈腿""出轨"之类的事情上，女人的痛苦是可想而知的，如果你不能当机立断，在原谅与不原谅里挣扎不定，信任与不信任里左右徘徊，不如先把这个问题放在一边，静待风轻云淡再来倾听一下自己心灵的声音。不要用别人的错误来惩罚自己，不要问旁人你该怎么办，更不要把时间无限制延长，当你都在自己的爱里摇摆不定的时候，你又怎么能要求对方爱你爱得义无反顾？给自己的痛苦定一个期限，并且在这样的一个期限里依旧记得好好爱自己。这也是你的一种选择，中间不要疯狂，事后不要抱怨。

当你在痛苦的深渊里不能自拔，又没有好的解决办法或不知道该如何处理的时候，与其说和痛苦来回拔河，不如换一种方式和心态去面对。先放开你的痛苦，依旧每天让自己认真地生活，任何时候都坚持穿漂亮的衣裳，化淡淡的妆，做手边的事情，睡温暖的床，读有益的书，交乐观的友。慢慢地，你就会发现，原本的痛苦在逐渐变淡或者不再存在，你几乎可以忽略或者能够看开，原本的那个人也没有那么好或者没有那么坏，你已经可以放手或者能够重来。

生命里总有一些日子是需要我们独自走过的。或许是孤单寻觅，或许是爱情残局，或许是婚姻废墟，又或许是一个人的天涯浪迹、骄傲任性的自由洒脱。不论怎样我们都自己走过这么一段旅途，风景冰封在冬日的寒冷里，我们找不到想要的快乐，绝望便成了眼前的魔障。对有可能会对我们造成伤害的人和事要学会说"不"，不要有糊涂的开始，或做明智的放弃，痛只会是一时，你的爱却可保留其最纯洁的本质，给最值得的人。对已经很糟糕的情感与境遇，要学会说"不"，不要长时间地痴缠，或自暴自弃，你的心要保留最适宜的温度，给最爱你的人。

不要总去问别人"为什么"，要多问自己"为什么"，真相总比你想象的残酷，即便避免不了疼痛难挡，也可以举步离开，背过身去挺过伤害。我是一个乐观的悲观主义者，之所以悲观是因为人性本就凉薄，为什么乐观是因为生活从来公平，你现在失去的今后都会以另外的方式还给你。需要的就是我们尽心尽力去发掘身边的美好，珍惜眼前人的真爱，善待过往的悲欢，留住心底的温暖，用那一抹纯真在劫后微笑着余生。

谁也不可能孤单地活着，我们身边总有些期盼关注的目光，活得自私不是只顾自己，而是顾好了自己不要让爱着我们的人无所适从。女人这辈子最糟糕的结局，莫过于在经历了那么多的苦痛伤愁后，你还是没有变成你所说的更好的自己。

# 做一个有智慧的人

不以物喜，

不以己悲，

放宽心去看当下，

深谋远虑，

才能够坦然前进。

# 不忘初心，方得始终

||||||||||||||||||||||||||||

我们总说"不忘初心，方得始终"。然而，随着社会的越来越功利化，有时就连我们做事的"初心"都是错的。例如，买件名牌衣服本来是为了自己穿得舒服，有的人却觉得舒不舒服是其次，最大的价值是可以炫耀给别人看。刚毕业的学生进到企业实习，本来应该是为了积累社会经验，却总想着实习的工资太低。不舍弃错误的初心，会很容易让我们的生活、事业走进死胡同。一件事情真正的意义是什么，我们的初心就应该是什么。你现在的生活如意吗？工作顺心吗？如果答案是否定的，不妨静下心来想想，是不是你的"初心"出了问题？

[ 1 ]

陪孩子上围棋课，有次课间闲聊，围棋老师问我们，为什么让孩子学围棋？

几个家长给出了很多答案——"为了锻炼孩子心性""想培养孩子思考和计算能力""让孩子习惯竞争，从容面对胜利和失败""让孩子有个特长，要是考出个三段、四段来，对将来升学有帮助"……总之好处挺多的，所以就来学了。

围棋老师听完，摇头，说：我认为这些都不对，学围棋最重要的目的，应该是会下棋，因为下棋有乐趣。

这么简单？

就这么简单。

说实话，我当时对老师这个答案完全不以为意，甚至并不认同。想来其他家长也是如此。

但是后来，我越想越觉得有道理。

学围棋确实有很多好处，但那些好处，都不应该是最终目的，我们让孩子学围棋，根本上，就应该是让他会下棋，让他的人生多个乐趣，在无聊苦闷压力山大时，能有个排解渠道。

培养能力、升学加分当然也重要，但若是冲着这个去学，心态就会偏，就会急功近利，就会把下棋当成一个任务压在孩子身上，逼他学，逼他练，使他反感烦躁，体会不到下棋的乐趣，如此，便很难坚持，多数孩子就这样半途而废了。

怀着功利心去做一件事，有趣的事，也会变得无趣，变得辛苦，变成折磨。

初心错了，可能就全错了。

[ 2 ]

偏偏我们一直在犯这样的错。

让孩子学钢琴，是为了培养乐感、促进手指和左右脑的协调，为了考级、体会表演的荣耀。

让孩子学画画，是为了培养感知力、想象力、创造力，万一画好了，还能获奖，能赚钱。

让孩子学舞蹈，是为了塑造形体，提升气质，培养审美，增加自信，当然，表演给人看，也是很拉风的。

很少有家长是因为弹琴很快乐，画画很快乐，跳舞很快乐，而让孩子去学习的。

我们嘴上把这些培训都叫"兴趣班"，但在功利的心态下，孩子在这些方面本来浓厚的兴趣，很容易被消磨掉。

所谓的"兴趣班"，常常变成了事实上的"毁掉兴趣班"。

也因为很快没了兴趣，大部分孩子都学不了很久。真能学出个样子的，也是不情不愿地咬牙坚持，体会不到什么乐趣。

其实反过来想想，如果我们有一个正确的初心，就是单纯地为了让孩子"能有一件可以让自己快乐的事"，而去送他学习，效果可能就大不一样了。

比如学画画，如果我们就是为了让孩子会画画，让他随时能拿起笔来尽情创作，让他能有那么一些时间，可以快乐、舒展、自由地沉浸在自己的世界里，那么，我们就会尽力保护孩子对画画的兴趣。而如果孩子在画画时能持续地体会到快乐，自然就能坚持，能做好，那么开发大脑修养心性之类的目的，随之也一定能达到。反之，如果为了培养能力而不惜扼杀兴趣，最终结果很可能是一事无成——兴趣没了，就什么都没了。

大概也可以这样说，兴趣是"1"，而其他能力都跟在后面的"0"，要想让价值最大化，必须把这个兴趣留住。培养能力和特长就算重要，也应该是附加目标，不该喧宾夺主，否则很可能就价值全无了。

很多事情都是这样，一荣俱荣，一损俱损。

而初心的正确与否，决定着你所做的事情最终是"荣"还是"损"。

[ 3 ]

对我们自己来说，也是如此。

比如工作。我们选择一份职业的初心，如果是为了实现自我价值，而非赚钱谋生，可能你就更容易找对职业方向，在工作时的心态也会好很多，遇到挫折、瓶颈、压力时也比较容易熬过去。

比如婚姻。如果我们选择一个人，是因为跟他在一起快乐、合拍、踏实、能彼此成就，而不是因为他可以养我，或者她愿意伺候我，那么这个婚姻就会更强韧。就算有一天对方穷了或者丑了，也不会轻易瓦解。

比如旅行。如果我们的初心是去见识世界或者放松心情，而不是为了拍照片发朋友圈让别人知道我去过哪里，这旅行一定会收获更多。否则你可能仅仅因为没拍出好看的照片就万分沮丧，游兴全无。或者，就算收获美图许多，但只是你的相机看到了，而你的心，错过了真正的风景，你浪费了旅行真正的价值。

当然，有些时候，各种目的并不冲突，一份赚钱的工作也可以同时实现人生价值，一个多金的爱人也可能跟你合拍，一次探寻世界的旅行也完全不耽误拍照片向朋友展示……若各种目的能同时兼顾，自然是极好的。但多目标齐头并进的同时，还是应该有主次之分。

不管培养孩子，还是工作、婚姻、旅行，一件事情真正的意义是什么，我们的初心就应该是什么，要让这个初心时刻提醒、引领自己，使自己能一直保持良好的心态。这初心万万不能错，否则，你再努力再精心，可能也不会得到自己想要的结果。

我们常说"不忘初心，方得始终"，其实"不能忘"的前提，是"不能错"，一旦初心错了，导向就会错，越记得，反而越容易走到进退两难的死胡同。

所以，我们在做一件事之前，一定要想清楚它的真正意义和你的真正需求，然后抱持正确的初心去做这件事，这样才不会误入歧途，也才能得始终，得收获，得圆满。

# 别让这些假象蒙蔽了你的双眼

‖‖‖‖‖‖‖‖‖‖‖‖‖‖‖‖‖‖‖‖‖‖‖‖‖‖‖‖‖

## ［明天永远比今天好］

如果说"今天"是餐盘里你正在吃的快餐，那么"明天"就像是藏在盒子里的巧克力糖，它充满未知和诱惑，而且好像永远也吃不完。

正因为"吃不完"，所以明天总是"被提起"：今天本来就可以完成的工作，因为懈怠，干脆明天完成吧；今天原本需要解决的冲突，因为害怕，干脆明天解决吧；本来今天可以给父母尽的孝心，因为忙碌，干脆等到明天吧……可是到最后，有多少"被提起"都变成了"被忘记"？又有多少"被忘记"都变成了"来不及"？

我有个朋友，特喜欢一位姑娘，总想着找个最佳时机来跟姑娘表白，于是他从情人节酝酿到端午节，再从端午节犹豫到中秋节，然后从中秋节拖延到国庆节……一直到最后，他也没等到自己的最佳时机，等到的却是姑娘将与别人结婚的消息。朋友只好拿出手机，默默在姑娘朋友圈发布的婚讯下面点了一个赞。

连歌曲里面也在唱：明天会更好。但其实，明天不会更好，也不会更坏，它永远只是那个沉默的法官，不言不语、步履坚定地走向我们。

明天好还是不好，取决于你今天的决定和行动好还是不好。你今天辛勤耕耘，明天当然花团锦簇；你今天游戏人生，明天自然千疮百孔。

不能把握今天，还谈什么掌控明天？我们手里又没有时光机。

## [没有得到的会比已经拥有的更好]

朋友D关闭朋友圈了,我问他为啥,他说因为朋友圈降低了他的幸福指数。这怎么会?我问。

D说:你看,我打开朋友圈,不是看到张三又去瑞士旅行了,就是看到李四跑到青云山吃斋去了,再不就是王五又买了部奥迪A8……生活完全是一片莺歌燕舞的样子,可转身看自己的生活:儿子昨晚又尿床了;老婆这两天因为痛经脾气变得特别差;我单位搞年检,天天得加班弄到很晚……本来这都没啥,但一跟朋友圈那帮家伙比,我简直是身处在水深火热之中呀,幸福指数跟股市大盘似的直线下降,后来索性就把朋友圈关了,眼不见心不烦。

"痛苦来自比较之中",D的经历还真是活生生地诠释了这句话。

有时候我们会错以为:没得到的会比已经拥有的更好。没得到的大致包括:别人家的和自己已经失去的。所以就有了"老婆是别人家的好"这样的说法;所以,失败的初恋,才往往会变成让许多人刻骨铭心的情感经历;之所以这样,大致都是因为不可得和得不到,而不见得是因为它们本身真的好。

在你眼里,别人家的生活就是挂在墙上那件华美的袍,远远看起来真的是狂拽酷炫屌炸天,但当你走近以后就会发现,没准里面早已经爬满了虱子,你想费力穿上别人的衣服,而人家没准正努力脱光衣服,遗憾的是,作为局外人的我们,永远只能看到表面和片断,并没有机会去读懂别人生活的全部;你以为你曾经失去的,就有可能是最好的,但如果重来一次,没准你还是会坚持当初的选择,因为决定你当时选择的,只是当时的那个你,并不是现在的这个你。

不必羡慕别人,因为那与你无关;不必留恋失去,因为那无法挽回;珍惜你所拥有的,就是功德圆满。

## [ 永远会有更好的捷径到达终点 ]

这是一个网络和资讯高度发达的时代，所以知识和方法的获取会变得更加便捷，也正因为更便捷，所以有时我们对于方法和捷径的痴迷，会远远大于我们为践行它们而付出的努力。

有段时间为了学习微信运营，我加入了至少不下50个微信群，就是为了可以多听微课、多学方法，尝试了一段时间之后，我发现这并没有什么卵用：一方面是这些群所讲的内容基本大同小异；另一方面，我发现其实我真正想要的并不是扎实运营的方法，而是如何快速增粉甚至一夜爆红的捷径，但世界上大部分的捷径，永远都是无字天书，你知道它存在，却永远学不会。

后来就果断退掉大部分的微信群，不再寻找所谓的捷径，而是做好公众号定位和用户分析，同时专注于输出优质原创内容，这样一来，反倒慢慢有了起色。

像上面这幅老漫画呈现的一样：新挖一口井就相当于尝试了一种方法，深挖一口井就相当于坚持了一种方法，大部分时候，我们并不是不知道如何去挖一口井，而是在贪婪和浮躁的驱动下，总以为下一口井才更容易挖到水，于是不停去寻找捷径，不停错失一口又一口原本就有水的井。

有时候，捷径是到达终点最远的路；而坚持适合自己的方法，才是真正的捷径。

## [ 成功就是万能药 ]

自从我们打败无数的竞争对手"入世"以后。就似乎注定要走上一条不断PK的道路：上学时候要跟同学比成绩高低；工作以后得跟朋友比工作好坏；等结婚了得跟身边人比生活滋味……

于是我们开始需要很多很多：要更多的钱，要更大的房子，要更好的工作……

其实说不上这样的比较和追逐是好是坏，因为更多时候我们只是参赛选手，却无力改变比赛规则。而真正有能力和勇气放弃比赛的，永远只是少数人。对大部分人而言，成功，不断地成功，更大的成功，才是治愈内心不安的最好解药。

前段时间，滴滴总裁柳青患癌这件事被大家讨论得沸沸扬扬。在各种观点里，我反对认为柳青的病是被累出来的这样肤浅的观点，我赞同不能因为柳青患病了我们就有了更多不努力的借口的观点。

我只是在想：在拼命追逐成功的道路上，有没有更好的办法来平衡好工作与健康之间的关系呢？比如花一些时间来健身和保养身体，比如找固定的时间来进行体检。即便这样仍旧不能消灭疾病的发生，但会不会让我们提前对自己的身体状况有所掌握？会不会就减少了一些我们并不想要但又不可逆转的情况的发生？

也许，成功不仅是战胜千军万马之后的光芒万丈，更是征服自我之后的内心成长，它是一种从身体到内心的健康、和谐和圆满。

成功的确很重要，但它并不是可以治愈一切的万能药；当我们在追逐成功的同时，适当兼顾健康、亲情等一些在生命中也很重要的部分，才能够收获更多的幸福。毕竟，有些事情错过了就无法重来，有些东西失去了就无法弥补。

## [ 对待亲人可以比对待其他人更任性 ]

同事H是一个典型的谦谦君子，性格温润如玉，待人彬彬有礼，相处这么久，从没见过他跟谁红过脸，也几乎没有见他发过脾气。

有一次跟几个同事去H家里玩。到了以后，一群人在H家客厅里吸烟喝茶，同时天南海北地吹牛。

突然从书房传来H女儿小雪的哭声。我们和H急忙跑过去看，想知道发生了什么。到书房才知道，原来是小雪不小心把书桌上的茶杯打碎在地，她自己收拾碎片的时候又被划破了手指，所以就哭了。我看了下，小雪手指上的伤口并不严重，只需要用创可贴处理下就好了。

结果H的反应让我们都大吃一惊：他开始责怪他老婆没有照顾好女儿，骂她老婆蠢，骂她不细心……用词之伤人，情绪之激动，完全都颠覆了之前他留给我们的君子印象。同事们在一旁小声劝着，H老婆唯唯诺诺地收拾着地上的碎片，H骂了两三分钟，才意识到自己的失态，就重新招呼我们去客厅玩。

我们走的时候，H的老婆也出来送行，H看着出门送行的老婆，仍旧一脸的不高兴。

第二天上班，我在单位遇到H，他仍旧温润如玉，满面春风。

有时候，我们会原谅其他人的大错误，却不愿接纳亲人的小失误；我们愿意把高修养留给其他人，却不懂把好脾气留给家里人；而且还冠冕堂皇地说：在外面已经够累了，在家里就要做回真实的自己。

可真实的自己并不等于美好的自己，你可以回归真实，更可以变得美好，那为什么不努力变得更美好，从而把更多的爱与宽容留给家人？而不是仗着亲人对你的爱和宽容，把更多的任性丢给他们？

生命是一趟没有返程的旅行，许多人会在我们身边来来往往，但最终陪伴我们抵达终点的，是我们的亲人，所以，你对其他人好，就应该加倍对亲人好，你对其他人宽容，就应该加倍对亲人宽容。因为，他们才是你生命中真正重要的人。

# 感谢每一次的不期而遇

||||||||||||||||||||||||||||||

在市图书馆听了一场朗诵会，对其中的一段话记忆深刻。

"人生一世，就好比是一次搭车旅行，要经历无数次上车、下车。时常有事故发生，有时是意外惊喜，有时却是刻骨铭心的悲伤……"

台上白发苍苍却依旧优雅端庄的女士忘情地低吟着这段诗，背景音乐也恰如其分地引人入胜。

她说"降生人世，我们就坐上了生命列车。生命中的所有人都会在某个车站下车，留下我们，孤独无助。"

但我觉得，与其说生命是一次搭车旅行，不如说每个人都是一位独立的列车司机。

你会有你自己的乘客，你会和不同的人共度一段又一段风景各异的旅程。

中途一定会有人下车——因为你只能载他到这，他的下个目的地，与你方向不同。这个时候，不要难过不要嫉恨，好好与他珍重再见，祝福他的下段旅程。即使无法一同到达终点，至少曾共同拥有一段彼此陪伴的温暖时光。

而有人下车就会有人上车，原先那些人的位置会被新的乘客取而代之——你们会发生新的故事，你将带着这些与你同方向的朋友，去领略和过往不同的五光十色。

生命列车不停开进，你将和不同的人，产生不同的情愫，爱情、友情、亲情都将交杂其中。

但亲爱的，你要记得，没有一种感情可以永垂不朽，列车上也没有一个人能够陪你由始到终——唯有你自己，始终独自操纵着这辆开往未来的生命列车。

乘客中有的带给你无尽的快乐，有的带给你绵长的愁思，有的令你记忆犹新，而有的却令你转瞬即忘，甚至完全想不起对方的样子。就好比列车也会区分一二等座，你心中的位置也终究亲疏有别，无法平等地分给所有同行的朋友。路过你人生的行人过客与住进你生命的至亲至交，即便同时上车同时下车，对你的影响也断不相同。

但无论如何，请善待旅途上遇见的所有乘客，找出人们身上的闪光点，去爱去包容。即使对方像是不速之客，以突如其来的姿态入侵了你的列车。你也不必慌乱，更不必坐立不安，你大可继续你的旅程。因为买错票或者坐错站的乘客，总会在适当的时机下车，及时更改自己的错误。

你所需要做的，就是专心致志地开好自己的生命列车。无须左顾右盼，也无须前瞻后望，方向明确，一路前行。

旅程中可能会遇到各种突发状况：列车可能会坏，在不熟悉的地段你也可能会迷路，甚至会有人在半途诱惑你交出列车的所有权……也许那个时段的乘客会陪你共同面对，也许那个时候只有你一个人面对心灵的拷问。但无论境况如何糟糕，都请你不要轻易放弃你的生命列车，因为它只属于你一个人，唯有它对你一生忠诚。

不需要担忧，坐在身旁的伴侣会在什么地方下车，你的父母手足会在什么地方下车，你的朋友会在什么地方下车……他们自有方向和前途，对此你无从知晓也无法改变。你只需要珍惜和他们在一起的时光，珍惜爱你的人和你爱的人与你一同度过的每时每刻。

亲爱的朋友，不要难过不要失落，虽然列车会不停地更换地点和乘客，但中间会发生很多美好的故事，足以慰藉你一路奔波的心酸和落寞。

而那些让你魂牵梦萦、念念不忘的人儿，也不一定就此消失在茫茫尘世中。相信吧，只要目的地相同，中途下车的旅客，即使经历千回百转，也终究会在某个站点与你重逢。

生命是一辆不断开进的列车，而开向哪里，便注定你会遇上怎样的人。所以，请好好掌舵，去不同的地点，看不一样的风景，遇见更多有趣的人，发生更多与众不同的故事。

祝福你，旅程愉快。

# 最亲近的人更值得你的好脾气

ⅠⅠⅠⅠⅠⅠⅠⅠⅠⅠⅠⅠⅠⅠⅠⅠⅠⅠⅠⅠⅠⅠⅠⅠⅠⅠⅠⅠⅠⅠⅠ

［1］

今儿闺蜜小木在微信上跟我好一通抱怨，说日子过不下去了。我就知道，她肯定是又和大雷闹别扭了。

大雷是小木的男朋友，脑瓜超级聪明的那种，重点院校的高材生。

小木和大雷，都是我高中同学。当时，两人顶着高三风口浪尖的巨大压力，毅然决然地在一起。

大学四年，小打小闹也有，虽是异地小日子倒也太平。这眼瞅着快毕业了，终于能幸福地腻歪在一起，俩人却战火不断。

事儿是这样的，今年暑假，大雷的好哥们带着女朋友去找大雷玩。小木也去了。本来是开开心心的四人行，最后却让小木很不高兴。

对人家女朋友比对我都好，这是小木的原话。说这话时，她哼了一声，语气仍愤愤不平，可见小木确实恼火。

小木是那种比较慢热的人，跟初次见面的人，一时半会熟络不起来。

大雷就怪小木一点都不给自己面子，连自己最好的哥们都爱答不理的。

小木也委屈，心想，你又不是不知道我的性格，在不熟的人面前本就不爱说话。当然，这是小木的心理活动，碍于有外人在，她一句话没说。

那几天，大雷对哥们的女朋友很是照顾，嘘寒问暖的。把小木一个人晾在一边不管，偶尔说句话，语气也很不好。

小木说，当时感觉别人的女朋友在大雷那跟个宝似的，自己反而像根草。

小木就这么生了一肚子闷气回学校了，憋了两天，越想越觉得委屈，就跟大雷说了。

结果大雷觉得小木在无理取闹，还冲小木发了一通脾气。然后就冷战了几天。

后来虽然稀里糊涂地和好了，结果这事儿还没完。

小木这两天不知怎的又想起这事，就跟大雷随口抱怨了一句。结果大雷大发雷霆，撂下一句，有完没完，俩人就又吵架了。

小木是那种好脾气的姑娘，哪怕受了委屈也从不大吵大闹，只会偷偷掉眼泪难过。

可大雷的脾气一点就着，发起火来，什么狠话都敢说，每每闹别扭都弄得小木很头疼。

大雷这人挺义气，哥们兄弟一大堆，没有不夸他为人仗义，热情好客的。

身为小木的闺蜜，大雷对我们这些人总是很照顾，也很细心。大家都羡慕小木找了一个会疼人还高学历的男朋友。

然而小木苦笑一句，那是对你们，可不是对我。

[ 2 ]

秦然，也是我闺蜜之一，典型的刀子嘴，豆腐心。一开始认识她的时候可是既淑女又温柔，宛然一副大家闺秀的样子。

后来渐渐熟了，才知道她嘴厉害得很，丝毫不敢惹她。

秦然绝对是亲闺女，因为和秦妈妈一个样儿。

两个都是嘴上得理不饶人的人，天天在一个屋檐下，自然少不了唇枪舌剑。

平时吵吵两句也就算了，结果，秦然一不小心把秦妈妈真的惹急了。

秦然这趟回家是要开张证明，需要相关部门的盖章，学校里要的，催得很急。

刚进家门，跟秦妈妈说了一嘴，秦妈妈立马说，你放桌上吧，明天我去给你盖章。

秦然一脸不耐烦的样子，不是跟你说过了吗，我今天就要用。

秦妈妈说，你哪儿说过了，我今天下午就去行吗？

秦然没过大脑就来了句，你光磨磨蹭蹭地，给我耽误事，我自己去盖章，不用你了。

以秦妈妈的往日的脾气，早就揪起秦然的耳朵，再来句，这个熊孩子。

结果这次秦妈妈一句话没说，转身回了自己房间。

秦然大大咧咧地，没注意到秦妈妈的不开心。拿着盖好章的证明，第二天一大早就回学校了。

想打个电话给妈妈报平安，结果是秦爸爸接的，这才知道秦妈妈生气了。

秦然平时厉害惯了，不会哄人，也不会说软话。这才给我打电话求助。

怎么办啊，惹着我妈了，可我拉不下脸道歉啊，秦然在电话那头急得像热锅上的蚂蚁。

最后，挨了我一通训之后，难得地很反常地没有回骂我，而是认认真真给秦妈妈编辑了好久的短信。

结果内容是这样的，妈，要不你骂我一顿解解气，下次回家让你揪耳朵也行。

看完后我笑得不行，果然是秦然的风格。

## [ 3 ]

人是一种很奇怪的动物，能在潜意识里嗅出一种名为安全距离的味道。

一旦过了安全距离，会有恃无恐地把坏脾气一股脑地倒给身边亲爱的他们，或许是爸妈，或许是恋人，或许是兄弟或闺蜜。

安全距离之外，则温声细语，笑脸迎人，然谁看都是通情达理美好大方的样子，像个温柔懂事的淑女，像个彬彬有礼的绅士。

在外人面前，进退有度，懂得拿捏分寸，固然是好。

在亲爱的人面前，你可以卸下在上司面前殷勤的伪装，可以摘下与客户打交道客套的面具，可以大声地哭大声地笑，可以痛痛快快地聊天喝酒，可以诉苦可以抱怨，可以无所顾忌可以敞开心扉。

然而动不动就对爸妈发火，有事没事就冲恋人发脾气，不管不顾就对朋友吆三喝四，实在是错误得很。

再安全的系统也可能崩溃，再牢固的桥梁也可能坍塌，再爱你的人也有心累的时候。

把你对上司的耐心匀给爸妈一点，把你对客户的细心匀给恋人一点，把你对陌生人的热心匀给朋友一点，你的生活可能更温心一点。

把你最好的脾气留给最亲爱的人，好吗？

因为只有他们，才配得上你最好的一面。

# 你要知世故而不圆滑

|||||||||||||||||||||||||||||

"情商"这个词如今有点用滥了的感觉，连对门老夫妻吵架的时候也不时蹦出来一句：你情商这么低，我懒得跟你说！然而在我们很多人眼中，高情商就等于外向开朗、八面玲珑，可是很多时候，和这样的人在一起并没有感觉到愉快。难道高情商就仅仅是见人说人话，见鬼说鬼话吗？

就拿我们办公室的小张来说吧，年轻，脑子机灵，对领导毕恭毕敬，对我们这些同事也是客客气气，一口一个"×哥""×姐"叫得你心花怒放。开始时大家对他印象不坏，可是相处久了，总是觉得说不出的别扭。一次小张不在办公室，几个同事聊起了他，大家对他的叙述有个共同点：他从来只会拣别人的优点猛夸，让你开心得都有些不好意思。而你有什么事情想要找他帮忙时，他总是一副特别遗憾的样子用各种理由拒绝你。有次不小心穿帮了，刚刚对我说周六有急事要回老家，转头又答应陪同领导去看望老领导，虽然事后极力跟我解释，却也改变不了我对他的失望。

[ 1 ]

圆滑的人，处世以利相待，一旦你对他而言失去了利用价值，他就会带着他那副笑容可掬的嘴脸一起消失不见。这些自以为拥有高情商的人，实际上完全把社交当作实现自己利益的手段，他们或许赢得了利益，但却输掉了人心。

实际上，情商更多需要一种共情的能力，这种能力并无关你是否外向开朗或是擅长交际，高情商的人能够很好地感知对方的意图和情绪，也因此可以与他深入而持久地交往下去。

林黛玉便是如此，她内向敏感，也爱使小性子，闹小别扭。在很多人看来，她与做事面面俱到的宝钗比起来情商要低了不少。但炉叔却觉得黛玉身上也有许多可取之处，她虽然不擅交际，不会说场面话，更不屑于逢迎奉承，但却坦率真诚地面对自己的情感，更能在大是大非的事情上准确把握别人的想法和情绪，体贴地照顾和安慰他们。她同情和理解香菱的遭遇和对美的追求，因此苦下一番功夫教她学诗。又因为懂得宝玉厌弃大道理所以在他挨打后泪眼涟涟地劝他"你便改了吧"。由此可见，不善交际甚至性格内敛的人一样可以通过真诚和体贴拥有不错的情商。

[ 2 ]

人际交往作为一个双向互动的过程，双方的体验都很重要，高情商正是一种提升双方交往体验的能力，既让自己的真实想法得到表露，又能让对方有自由的空间和被尊重的感觉。

圆滑处世的人缺乏该有的原则。看了几段网上热门的关于黄渤高智商的视频，真的打心眼里佩服。金马奖颁奖典礼时，面对主持人调侃自己服装不够正式，黄渤没有选择回避，也没有强硬地反击，而是以一句"我把金马奖当作自己家了，所以穿得随意舒服些"。

既澄清了自己足够重视的态度，也让对方有台阶可下，与圆滑世故的人相比，黄渤有自己明确的态度而不是专拣捡别人爱听的话说。另一个采访中黄渤被问到如何看待他与葛优竞争影帝的事情，黄渤的回答更是滴水不漏，既高度评价了前辈葛优的成就，也指出了自己有能力与其角逐，不卑不亢，有礼有节，正能量满满！

[ 3 ]

圆滑处世的人，与人交往急功近利，空有套路却缺乏真诚，并不是真正为别人着想。有人说，高情商就是让周围的人都处于他们最舒适的状态下。同样是拒绝别人，小张会各种兜圈子，强调自己有多忙不能效劳，而大家公认的高情商代表小李就会非常坦诚地说这个工作我不能胜任或是没有时间帮忙，然后详细提供各种替代的解决方案，并郑重表示歉意。很明显，一条衷心可靠的解决方案比一百句抱歉都要更体贴求助者焦急的心情。

圆滑处世的人，缺乏对他人积极正面的影响。虽然和小张在一起工作，总是被他的伶牙俐齿逗得合不拢嘴，但是他时常挂在嘴边的"人生哲学"却很难让我们认同。上级批评，不管是不是自己的过错，从来都只点头认错。偶尔与别人有点小争执，他也总是息事宁人的那一个。在小张看来，利益面前能忍则忍，自制力不是一般的强大，但是却把一种消极、妥协、利益至上的价值观潜移默化地带给了周围的人。与他交往久了，自己身上都有种挥之不去的压抑感。

情商从来不能用急功近利的心态来培养。人人都想要高情商，但它并不意味着见什么人说什么话，很多人没有正确区分这两者，一不小心就钻进了圆滑的误区中。真正的高情商，是内外兼修、全方位的自我提升。我们想要提升自己的情商水平，首先必须坦诚面对自我，坚守自己的原则。修炼情商，从面对自我开始。

# 你会烦恼只因为你还太闲

||||||||||||||||||||||||||||||||||||

每天下午是我的写稿时间。那天睡完午觉，浑身乏力，想着近日的种种不如意，忽然就觉得没了斗志，心里有个声音不停地叫嚣着：不想写稿啊不想写稿，我很烦啊我很烦。

很烦很不想写稿的我，决定纵容一下自己，玩玩微信，看看电子书，把一下午的时间打发过去算了。结果，刚打开微信，刚找了个舒服的姿势坐好准备享受悠闲时光，就看到了一句话，大意就是，如果你很烦恼，肯定是因为你很闲，忙人没时间烦。

我像被电击了，愣怔片刻后就闪电般滚到电脑前，决定用行动来验证这句话的真伪。一篇很长一度很想放弃的稿子，挣扎着一个下午搞定了。从电脑前起身时，感觉整个人自信爆棚，神清气爽。什么，烦恼？哦，忘了，我烦过吗？

自从用实际行动证明了这句话很科学、很正确后，我就成了神算，总能一眼看出别人烦恼的根源。

闺蜜夜里十点以后还不肯关微信，缠着我不停地诉苦：昨天我生日，老公居然忘得一干二净，他是不是不爱我了啊？前天领导跟我说的一句话很莫名其妙，你说他什么意思啊？妈明天要去医院做检查，想着要陪着她折腾半天，我就觉得好烦，整个人都不好了。

为了不让闺蜜老是夜里缠着我，也为了让她从烦恼里解脱，我就怂恿她，你看现在做微商的人那么多，要不你也试试？听说挺赚钱的，很多人月入万元，千万别错过这个千载难逢的机会啊。

闺蜜蠢蠢欲动。她那个每天八小时的工作轻闲得要命，不仅下班时间一大把，上班时间刷刷微信也不是事儿。反正小本生意，就算失败了也亏不了几个钱。闺蜜撸袖子准备大干一场。

当然，没卖恶俗的面膜，她选择卖一些小饰品，起码有人敢买。从进货，到拍照，再到每天狂刷朋友圈，发货，跟顾客联络感情，忙得像条狗，接电话都是半分钟就挂。至于半夜微信聊天抱怨，呵呵，有那时间，还是多打几个广告吧。

一段时间后，我故意问闺蜜，现在还烦吗？她想了又想，说，有点烦。

我大吃一惊，还烦？

她点点头。确实烦，烦着怎么更好地做广告，烦着怎么卖更多的产品，烦着怎么和更多的顾客建立感情。烦到最后，她话锋一转。不过还好，这些是实实在在的烦恼，一步一步努力解决就行了，不像以前，烦得没头没脑，解决都没法解决。

我长舒一口气，同时很赞同她的话，能够解决的烦恼都不算烦恼，顶多算点小麻烦、小障碍。没头没脑的烦恼，无法解决的烦恼，那才真的是烦恼，能烦死个人，又让你无处发泄。

看看你身边，那些一天到晚抱怨，一天到晚说很烦很烦的人，那些事儿妈，是不是都很闲？而那些每天忙忙碌碌事情做不完的人，即使想烦，也没有时间烦啊。

为什么有些人受了情伤以后，会更加拼命地工作？因为一忙起来，他们就会忘记感情的伤害与烦恼。为什么男人没有女人那么爱抱怨爱叫烦？因为男人通常比女人忙，就算不忙着工作，也在忙着打游戏，或者忙着约会。

烦恼是闲人的专利，那些为理想打拼，为目标奋斗的人，是没有时间和精力烦的，因为他们的时间和精力都用在了正确的地方。

这是个励志的时代，与其闲出烦恼的毛病，不如让自己忙碌起来，给自己多找点正事做，不要怕累着，不要贪图享受，这样，你才能多些快乐与充实，少患烦恼这个奢侈的病。

# 让你的眼光放得更长远一些

每个人的心灵，都是一片广阔的海域。若想活得轻松，就要练就一个宽广的胸怀。总有一天是要成为过去的，放下过去才能前进，所以，对当前的一切也要学会放开。有的人难以放开眼前的一切，就是因为想得不够深远。如果想到自己的未来，那么现下眼前的一切也就自然成为过去了。相对于眼前的困难而言，我们更加难以放手的是眼前的辉煌。对于困难，有的人也许会选择逃避，但是对于眼前的美好，我们往往难以自持。其实，眼前的一切就如昙花，很快就会消逝，我们需要考虑的是花谢之后，而不是陶醉于花开之时。昙花再美，也只是一瞬，如果久久不能回神，只能错过良辰美景。不以物喜，不以己悲，放宽心去看当下，深谋远虑，才能够坦然前进。

早上好。每个人的心灵都是一片水域。有的人心胸狭窄，所以常常会因为严寒而冰封；有些人的心胸宽如大海，自然能够抵御风浪的侵袭，让心之海域始终畅通无阻。

人们往往会被眼前的景象所迷惑，陶醉于眼前，或者纠结于当下，无法设想未来。确实，走好每一步才能走得更稳、更远，但是同样也很有可能被眼前所迷惑，从此止步不前。只有看得长远一些，才能放开现在，走向未来。

很多人对于眼前所及的一切都过于执着，这也是一部分人感觉不幸福的原因。只知道把握眼前，不知道设计以后，最终只能让自己在原地打转。现在，总有一天是要成为过去的，放下过去才能前进，所以，对当前的一切也要学会放开。有的人难以放开眼前的一切，就是因为想得不够深远。如果想到自己的未来，那么现下眼前的一切也就自然成为过去了。

世界首富比尔·盖茨可以说是一个传奇式的人物，他是微软的创始人，他的创业故事广为人知。伟人走的往往不是康庄大道，而是常人所不选的独木桥，他们考虑的不只是眼前问题，他们会看得更远。

比尔·盖茨于1955年出生于美国华盛顿州西雅图的一个家庭，他有着良好的家境，父亲是当地有名的律师，母亲是银行系统的董事，外祖父曾经担任国家银行的行长。但是他并不是一个不谙世事、四处惹事的花花公子。相反，他深谋远虑，为自己的将来做着打算。他在13岁的时候就开始设计电脑程序。17岁的时候，就成功地卖掉了他的第一个电脑编程作品，也由此获得了他的第一桶金。

比尔·盖茨非常聪明，在大学入学的考试中，他的成绩离满分只有10分之差。入学后，他从来不为自己的成绩自满，虽然他是一个极度自信的人，他甚至向导师扬言，自己要在30岁的时候成为百万富翁，然而事实是，他在31岁的时候成了亿万富翁，这不但是他人想不到的，也是他自己不曾想到的。

虽然比尔·盖茨接受了世界上很多学子都向往的哈佛教育，但他并没有陶醉于眼前的成绩。令人想不到的是，他在离当时人们眼中的成功仅有一步之遥的地方停了下来，他没有完成他的学业，而是选择离开学校，接受社会的磨砺。后来因为一个偶然的机会他做了中间商，他将朋友开发的编程买下后转让给了IBM公司，也是由此开始了他的创业历程。最终他成立了微软公司，成为世界首富，完成了他的梦想。

哈佛大学，世界上顶级的大学，有多少人可望而不可即？他有幸能够接受那里的教育，却并未满足于此，而是毅然决然地放弃了眼前的一切，重新开始。之所以放下眼前的一切，并非他有勇无谋，而是他要在30岁时成为百万富翁，所以他要按照自己的规划走好每一步，而不是只注意应对眼前的一切。

虽然哈佛学子的光环异常璀璨，但是世界首富却只有一个。当人们看到他现在的成绩，就不会再置疑他曾经的决定。释迦牟尼也曾是一个王子，但是他却没有陶醉于眼前的一切，他思考得更为深远，他想到了人生，于是放弃了荣耀，选择修禅，最终成为了佛教的创始人。荣耀令人难舍，但可笑的是，人们有时竟然放不开当下的困境。

力拔山兮气盖世的西楚霸王项羽，最终竟落得个自刎乌江边的下场，这样的结果令很多崇拜他的人惋惜。明明那只是一时的困境而已，明明他还有东山再起的机会……然而他却轻易地放弃了自己的生命，只因形势严峻，只因四面楚歌。

与汉军一战，让项羽丧失了希望，率领麾下的几百名壮士突围成为他最后的勇气。虽然汉军紧追不舍，但是他仍然以一敌众，突出重围。渡过乌江边就意味着脱离了险境，他明明可以先委身于江东，在那里称王，伺机东山再起。但是这位霸王、这位英雄，却自己放弃了自己的性命，只因他对眼下困境的绝望。

项羽虽然骁勇善战、屡战屡胜，却不能做深远的考虑和打算，这也就是他最终输给了刘邦的原因。虽然他是英雄，是霸王，但不能成为最终的赢家。反观刘邦，在与项羽的争斗当中他一直处于劣势，但他从未纠结于眼前的形势，而是考虑着自己光辉的未来。虽然他曾被楚军逼得狼狈脱逃，但他并没有因为眼前局势而绝望。

刘邦也曾经历了和项羽一样粮草紧缺的时刻，但是他却仍然能高瞻远瞩，没有局限于眼前。在他看来，现在只是权宜之计，不代表他会一直屈居于项羽之下。然而楚霸王信了，他太过高傲，没有深思为何刘邦会投降。被蒙蔽了双眼的他陶醉于眼前的功绩，导致了最终刎颈乌江。而高瞻远瞩的刘邦则建立了一个新朝代，成为历史上有名的汉高祖。

很多人不理解西楚霸王自刎乌江的做法——明明他还有回转的余地，还有几成胜算，为什么要选择自尽？这无异于自毁前程。然而，当局者迷。在我们的现实生活中，其实也有很多人重复着项羽做过的事——对于眼前的痛苦难以放下。说到底，这是心态的问题，因为太过于执着于当下过得好或是不好，是不是足够完美，所以无形之中就困在了当时，难以前行。如果我们放宽了自己的心，思考得深远一些，就能够坦然接受自己的今天。

相对于眼前的困难而言，人们更加难以放手的是眼前的辉煌。对于困难，有的人也许会选择逃避，但是对于眼前的美好，人们往往难以自持。其实，眼前的一切就如昙花，很快就会消逝，人们需要考虑的是花谢之后，而不是陶醉于花开之时。

昙花再美，也只是一瞬，如果久久不能回神，只能错过良辰美景。不以物喜，不以己悲，放宽心去看当下，深谋远虑，才能够坦然前进。

# 别离你的生活太远而忘了怎么去活

||||||||||||||||||||||||||||||||||||||||||||

某土豪君，在父母的催促下，开始了漫长的相亲之旅。

其实土豪君人不错，幽默绅士，条件殷实，可撒娇卖萌无底线，可力挽狂澜指千军，但是在爱情的道路上，明显没有走寻常路。

自身条件好，对另一半要求自然也高，不过也不是没有看上眼的，但正如土豪君自己提出来的一个问题：对女生，不管追到的没追到的，三个月就没有新鲜感了（当然，土豪君也很克制，对所有姑娘都很尊重）。

我就给他讲了个故事，是《我们仨》里的一段：

（杨绛坐月子的时候）钟书这段时间只一个人过日子，每天到产院探望，常苦着脸说："我做坏事了。"他打翻了墨水瓶，把房东家的桌布染了。

我说："不要紧，我会洗。"

"墨水呀！""墨水也能洗。"

他就放心回去。然后他又做坏事了，把台灯砸了。我问明是怎样的灯，我说："不要紧，我会修。"他又放心回去。

我说"不要紧"，他真的就放心了。因为他很相信我说的"不要紧"。我们在伦敦"探险"时，他颧骨上生了一个疔。我也很着急。有人介绍了一位英国护士，她教我做热敷。我安慰钟书说："不要紧，我会给你治。"我认认真真每几小时为他做一次热敷，没几天，我把脓拔去，脸上没留下一点疤痕。他感激之余，对我说的"不要紧"深信不疑。我住产院时他做的种种"坏事"，我回寓后，真的全都修好。

土豪君说，你在给我洗脑吗？

我说是的，我给他的建议是，找妹子，漂亮的最好，但是一定要找见过世面的，是见过世面不等于见过土豪，应该说是见过生活原本的样子。

我的婆婆很漂亮，这个年龄依然风韵犹存，烧菜家务样样行，退休前在国企做会计，前两年提前退休全职在家，做我们的坚实后盾。我公公个子不高，长得也不帅，一点家务都不做，有的时候说话会没耐性，但是负责赚钱养家。一开始我很好奇我婆婆为什么这么安于家庭生活，后来发现，对婚姻的观念是一个时代的问题，过去的时候，人们经历过物质的匮乏，也经历过毫无预兆的悲欢离合，所以什么东西坏了就去修补，而不是买新的，什么观念不合了就去隐忍而不是争吵。

我说，土豪君，你拿起一只碗，用了三个月发现有裂痕就换一个新的，然后发现有裂痕就又换，难道你还没明白，所有碗用三个月都会有裂痕吗？

生活就是，可以给你买名牌包的人没时间陪你，有时间陪你的人满足不了你的虚荣心，爱情里有红玫瑰和白玫瑰，婚姻则是娶或嫁了谁都会后悔。

生活就是，再幸福的婚姻也有争执，也有委屈，所谓幸福就是看透了这些躲不掉的必需，然后安然地享受婚姻带来的美好。

生活就是，没有最好的工作，只有最好的心态。再喜欢的工作，有了生存的压力，都渐渐会露出它丑陋的一面。

生活就是，父母会老，孩子会呱呱坠地，不能总把自己当个孩子。Is life always this hard, or is it just when you're a kid? 答案是，Always like this.

生活就是，消极面对还是积极面对，该来的都会来，但是自己正能量多一点，自己就会强大一点，周围的人也会更爱你一点。

忘记是在哪儿看的了，失去孩子的母亲最终还是要停止哭泣的，因为她饿了。所以一切的阳春白雪，总归是要安息在柴米油盐之中。

总有人问我怎么处理好家庭、工作、学习和兴趣，我说，因为看透了生活本来的模样，所以认真对待就好；不要离生活太远了，分清哪些是现实，哪些是虚妄，你也可以这般安宁。

# 再微不足道的努力也值得尊重

||||||||||||||||||||||||||||||||||||||||||||

[ 1 ]

每次下公交车，或者从公园出来，都会碰到这么一个老太太，佝偻着背，花白的短发，颤颤巍巍拿着小马扎，从面前自己的小摊处寻找合适的位置坐下来，然后大概一整个下午直到晚上都会边摇着蒲扇，或者手指交叉支在膝盖上，眼神充满售出的渴望扫视着每个经过她摊前的行人。

这大概是她主要的谋生手段了吧。每天下午两三点出摊，一直守到夜里八九点不等。有时候匆匆路过，瞟过几眼，听见她边上卖水果的大哥跟她说，你估计还得摆到那车站后面生意还能好些，这些下班的人，都急着回家做饭，哪里有空买你这些鞋垫针线。

她大致"哦"了一声，一个人一手拖着铺在地上的货物塑料纸片，一手拉着小拖车，背部都无法挺直，转转悠悠又返到了车站后面，书店门口的台阶上去。

一日路过，看到她正与一位穿着制服的城管工作人员僵持着。男城管威严地例行公事，跟她说，收起来收起来吧。

她别过脸去，不情愿。看样子这样的僵持应该有一会儿了。男城管也不走，站在旁边却也对她无可奈何。

末了，她起身，弓着背，气若游丝却显得理直气壮，她说，这里是新华书店的门口，我摆在这儿是经过他们同意了的，我又没有占道经营，没有妨碍大家通行，况且我做的是正当的小生意，没有影响别人，大家买我高兴，不买我也没有强行拉人家，为什么非要让我收起来？

城管大概没想到老太太会忽然站起来跟自己说这么一长段，明显也不是不讲理的老人家，如果家里容易谁愿意这么大年纪了，连背都直不起来了，却还要无论刮风下雨出来摆摊。想想他也没好意思再僵持下去，转而快快走了。

那天下着雨，我从书店出来，看到一个女人风风火火从雨里冲到书店门口的屋檐下，对着老太太急吼吼地说，嘿，刚刚说的那把伞，8块卖不卖，8块。

老太太正招呼着旁边两个挑着发带的小女孩，转头看着她，为难地说，就10块了，便宜卖不了的。

女人还在高声说，便宜一点，要不是突然下雨，谁还要买你这个伞……

老太太低着头，看着伞，神色都是为难。我不知道那把伞10块卖掉的话于她而言能赚有几块钱利润，但就她铺在透明塑料纸上的所有家当加起来可能都不超过200元。她每天按时定点出来摆，也许一晚上也卖不出去一件东西，也许几天才能赚个几十块，所以，那伞是否能卖出去，多少钱卖出去所意味的就不是少赚两块钱的事了。

忽然就听到一个声音笑着回应说，老人家说10块就10块买了吧，别跟一个老人砍这价了，大下雨天的怪可怜的。

说这话的人正是那两个小女孩的妈妈。其实老人卖的发带明显看起来是过时的，要不是雨天躲雨，大家顺便看一下，平日里很少人会特意蹲下去买那些针线、鞋垫、餐桌罩、袖套等玩意。

买伞的女人不再说什么了，掏出了10块钱心甘情愿付给了老人家。

过了会儿，两个小女孩也挑选完了发带，她们的妈妈付了钱。

老人全程都神色淡然。只在找完这位年轻妈妈零钱时，忽然抬头认真说了一句：我不可怜，我凭自己的劳动赚钱不是什么可怜的事。

那一刻，我站在那个屋檐躲雨，台阶下，屋檐外风大雨大，原本觉得十足寒冷而且焦躁的我，忽然前所未有地被一种莫名的情绪触动。只觉得这个平日里自己忽略的老人，默默贩卖着不时髦小玩意的老人瞬间变得不一样了。

我甚至觉得她的背不再是佝偻着的，她的形象那么笔直，那么坚挺，就像她不卑不亢的态度，就像她每天安静坐在摊位旁的角落平静且安然地望向每个行人。

她是在讨生活，可，也并非在讨生活。

## ［2］

家楼下路口有一个夫妻档水果摊位。每天午后，夫妻俩一定会准时出摊。

刚开始，我并不知道他们俩是夫妻，因为他们并不共同经营同一个水果摊，而是各自一个摊位，丈夫的摆在妻子的对面。两人卖的水果有交集的部分，也有一两样不同。

他们的经营方式令我想起了以前听到的一个创业故事，兄弟俩合伙经营鞋店，并把特色相似的两家紧挨着经营，当然产品和价格有细微的差异，为了让顾客有对比，满足他们对比选择的心理，这种经营模式看似将顾客分流了，实则无形中笼络了不知情的顾客，营业额噌噌往上涨。

厦门也有效仿这种经营模式的商家，很明显的是某个品牌内衣，基本上一条商业街上，很容易看到它们相似的店招对面而居。

我不确定这两个外表朴实的夫妻一定听过这个故事，但楼下卖水果的摊位很多，只有他们这样做了，而且是后来者居上，渐渐地其他摊位少了，到最后只剩下他们夫妻俩，还是一样对面而居，各自顾着各自的摊位。

一开始我并不从他们这儿买水果，而是固定在他们不远处的另一个摊位购买。因为接触频繁了，与摊主也相对熟悉了，路过那看到摊主冲你客气地笑，不自觉就会选一些带上楼。

我是对旧事物保有钟情的人，对于第一次打过照面，而后有了交集并留有好感的人，容易产生惯性的黏性。但这一切的前提，首先一定是保有好感。

先前我固定去买水果的那位摊主，某日在我挑选水果的时候忽然跟我说，我敢保证我所卖的水果一定是最好的，你千万不要去看他们的，那跟我的绝对不是一个档次。

我先是愣住了，而后从摊主的语气中听出了一种积压已久的愤懑不平。他不远处的夫妻档摊位似乎生意越来越好，而且几乎远远超过了他。

他之所以突然跟我这样提起，是因为某日我要买猕猴桃时，发现他没有，便转而去了夫妻档的摊位购买了。回想起来，也许是那一幕些许触动了他，让他觉得我本是他的常客却转而去了别人的地盘。

我笑了笑，想回点什么，终究还是保持微笑。付完钱，转身的时候，听他跟我说，你以后要买什么水果告诉我，我可以提前批发的，千万别乱买，买到别人不好的。

那一刻，我本该觉得该感恩的，并跟他说声谢谢。可总感觉哪里不对，心里觉得极为不舒服。上楼的时候，我在想，其实他如果只跟我说前半句，不涉及对别人的评价也许我不会有突然感受不好的情况，相反，我一定会很感激，而且会继续支持他的生意。

可他的话里涉及了他人，而且带出了某种偏见的诋毁情绪，让我觉得他到底还只是个谈不上格局的小生意人。

我这么说自然也是带着偏见，出于他以一种愤懑的情绪诋毁同行。其实对于消费者而言，买与卖之间的简短热络无非也是为了让一份钱与物的交易看起来不那么冰冷生硬，彼此带点人情味儿，是出于平等和尊重，而绝非为了站到某种站队里。

做生意不可避免会有同行，这与许多人生小事皆相似，同一个班里总有学习比自己好，比自己深得老师和同学喜爱的同学，同一个公司里总有同部门的平级员工与自己的能力相抗衡，同一个考试机制里，总有能力相差不离的千军万马共同挤在一座独木桥上，面对这些挤占自己资源的同行者，我们应该做的事一定不是把他们推下桥。

这也是我频繁听到互联网行业里，类型相似的企业开始大规模进行资产合并，美团和点评，滴滴和快的，大家都在卸下彼此剑拔弩张的架势，共同坐在一张桌面上聊聊共融进退的事，才是明智且正确的事。于个体，于渺小的个人而言，更是觉得如果还保有着你死我生的狭隘心态，无论生意还是生活，兴许不是被别人打败，而是被自己打败。

行业本无大小贵贱，只要是认真在以正向的努力前行的人最终都会有好的出路，也都应该被尊重。

所以回到水果摊主。那之后不久，那个我经常光顾的水果摊就不在楼下出现了。我在后来与夫妻档水果摊有了更多的交集。

也在渐渐熟悉的过程里，从每次简短的闲聊中陆续知道了他们都是从较为偏远的山区到了这个城市生活，做过很多种工作，最后还是选择自主做点小生意，一来能同时兼顾家里三个小孩的生活，二来也能相对而言赚取到更多一些的钱，毕竟这是稍微努力，早出晚归可以多挣出来的，不像打工领取微薄的固定薪水。

男摊主皮肤黝黑，是每日晒出来的结果，他说他早上没出摊前都要赶早去进货，去晚了挑不到新鲜的，而且也不能以稍稍便宜些的价格进到货，而等进完货回到家里，就要开始做一些简单的擦拭和包装工作，确保下午出摊时，水果都是卖相好的。

女摊主很瘦，不怎么爱笑，话不多，但做起事来兢兢业业。

我有时路过，偶尔会顺手买一些家里需要的水果，一般量也都不大，什么都买一些。而有时，家里有了，基本也不会再买。

刚开始，不打算买而从他的摊前路过时很怕看到对方殷勤的目光，就像此前那位已经搬离的摊主一样，不买点什么总感觉过意不去。

可一次两次下来，我慢慢发现了不同。夫妻档摊主从来不会刻意招呼，或者显出让你无论如何买点什么的客套。相反，每次当我经过，他都是如常忙着他手头上的事情，如果远远看到我，会点头微笑，问一声，下班啦？而后继续忙开了。

某日在街道办的卫生所碰到了他们夫妻俩，男摊主带着自己的小儿子打针。在楼梯口他显出了碰见的惊喜，却也没有夸张，那时他的小儿子正吊着他粗壮的手臂荡着秋千，他笑得就像年轻好几岁。那种画面与任何家庭、任何亲子之间的亲密感无异，我甚至感觉出了他们的幸福力度。

他跟我说，他的几个小孩终于都能在当地的学校念书了，总算没有白辛苦。这次带着小儿子体检，也是为了入学报到做准备。

他说，没办法啊，能力有限不能给他们更多更好的，但也算尽心尽力了。小孩都挺好，我们苦点累点也没什么了。

他的话头很兴奋也很自在随意，他的妻子依旧安静地跟在旁边。

那天回家我的脑海里久久都是他儿子吊着他手臂荡秋千，而他笑得十足开怀的画面。原来买卖背后就是生活，每个为了生活而奔波的人说到底不过为了让自己让家人过得舒心，能在这个城市扎根，为此而付出自己正常正当的努力，且无论做什么都能挺直着腰杆，理直气壮，还有什么比这更自然、更值得被尊重的事？

说到底，我们每个人都在为着生存做着自己力所能及的努力，每个人的生活就是一个世界，即使最平凡的人也要为他生活的那个世界而奋斗，而奋斗这件事本身无所谓高低贵贱。

知道了这一点，那些对于同行的虎视眈眈和愤世嫉俗也许能相对少一些，彼此也能延伸出更多的体谅，知道彼此都不容易，尊重这种艰难生活里的每份微不足道的努力本身，也是对自己最大的尊重吧。

[ 3 ]

我的手机里收藏了好些自己很喜欢的公众号。

有些从朋友转发的文章里认识而来，有些则是自己从微博上了解到，而后喜欢上了对方的文字，然后一路跟到了公众号。

有几个自己特别喜欢的个人公众号，基本上每天都会固定守候。有时候看它们每日推送一篇，大部分时候两篇，一篇原创文章，一篇读者来信。有很多公众号都按着这样的模式经营。

其中的某个公众号，每次在读完他的通篇时，便会在打赏上方一处看到他所提示的文字"赏一碗面吃""赏几块钱当路费"，说实话，他的文字功底和他所陈述的观点并不差，可总感觉缺乏了某种底气。

一次两次下来大抵猜测作者也许是戏谑的口气，在说一句玩笑话，可多次这样下来，就令人感受十足怪异。我每次滑动到最后想要去打赏支持一下他时，看到类似这样带出了乞怜意味的话时，就像看到那些江湖卖艺的人，表演完还要伸出手上的宽檐帽，去跟看官说，行行好吧。

好几次，内心上都觉得十足难受，甚至觉得可惜。

亲爱的，你这是在做你自己喜欢且坚定的事，是你热爱的东西，是理想，你付出了努力，梳理出了你经过思考的结果，是值得骄傲，也值得被人尊重的事，你根本不需要在每次这样的努力付出过后，再露出惶惑，甚至说出"支持一下我吧"这样的话啊。

我们都喜欢在这个纷繁的成人世界里去获得一种相对而言的公平，我们不喜欢那些高昂的姿态，对能力不及自己的人做出不屑一顾，也不喜欢明明都是为了生活而努力却被分出了三六九等的差别对待，我们都希望有一种尊重是无论你是谁，只要你是在认真生活，而且为了更好的生活始终努力都该被一视同仁。

我们都期待这样的公平，可为什么你却要在付出自己辛苦努力的当下一刻，在众人还来不及反应的情况下，你先做出了卑躬屈膝的姿态？

在我尤其喜欢的另一个公众号里，每天都能看到对方所回复的读者来信，条分缕析，娓娓道来，既能根据着来信者的需求去做恰当的回应，也能从中又延伸出一些更深层的思考。

关注久了，便也知道了对方其实年纪也并不大，却有着极为平和成熟的心态，善于反刍，善于总结。

有时候读着她每日敲打出来的字字句句时，看到令自己感同身受的一些段落，都忍不住要在心里惊呼，亲爱的，写得真好真好。然后顺手把这样的话打出去发送给她了。

在我自己还没有自己经营一个公众号之前，我每次看到他们就一个论点展开一篇文章，有亲切的家常，有警示且足够安利的亮点句子，酣畅淋漓的几分钟读完后，便放下手机干别的什么去了。

我的潜意识觉得几分钟内被自己看完的文章，作者的一气呵成，够不上什么难事。

直到，我自己也经营了公众号，我才知道原来这根本是一件比我日常出策划案，之后落地执行还要琐碎和困难的事。

大家所看到的文章也许篇幅不等五六千字，少则三四千字，你们指尖轻轻一触，滑过的就是两三个段落，而后从中看到一两句与你感受契合的精句，一篇文章可能两分钟不到就过了。

可推送这篇文章的人却是在前一天就开始准备工作，如果需要更加充分的素材的话，有时候一有灵感还要马上记录下来，而后用一个相对安静的时间段细细敲打出所有的感受。文章大概完成后，开始排版，挑图，作图，上线编辑，再发到自己的手机上看是否完善成型，而后才能群发出去。

也就是可能作者花了一天一夜所做的一篇推送，到了读者手里不过是两分钟不到就滑过的事。

光想想就很心累，可如果不是由于自己本身热爱，很多种工作无论怎么样都要好过这样平白无故的分享。

也是因为知道了这背后坚持下来的难，有时候我就会很担心那些已经稍稍写出了自己的名气，而且已然不需要靠着固定推送去赚取生活费的作者某天就不写了。

因此才会在每次看到同样喜欢的公众号说出"赏碗面"的时候感受如此之强，这根本不是一件毫不费力的随手分享，更不是滋长伸手党肆意采摘的无谓付出，这是自己辛苦的结晶，是你投入了感情，也已经拥有了某种分量，值得被尊重的东西。你无须就此献上膝盖，捧到人前，说出无论如何看一看的话了。

有个我尤其喜欢的个人公众号，关注她大抵有两年了。有时候看到她文章的某些字句被打动时，我也会发一些感受去跟她说，神奇的是，在这样看起来平淡的一来一往里，渐渐就产生出了很别样的情感。

她每日推送两篇，第一篇为了利于其他公众号转载传播，不打原创标识不能被打赏，只在第二篇的读者来信的栏目打原创，读者来信的信息有时并不能对每个人有针对性，但我还是会从那点击进去打赏给她。

这样的日子过去了一年多，我们已然就像素未谋面却深知彼此的老朋友。有时候我们竟然能够很默契地在就某个问题聊完后，会不约而同地答出，我懂。

我所感恩的部分在于，我每次有些自己梳理不了的困惑想要求解时，她都能足够坦诚地一一道来，而且丝毫不需要有客套的成分，在这个过程里，其实她所输出的远超过我所打赏的。

米兰·昆德拉曾说过的，生活，就是一种永恒沉重的努力，努力使自己在自我之中，努力不致迷失方向，努力在原位中坚定存在。我喜欢每个像这样有着坚定的理想，并且在这个浮躁的社会里努力坚持自我的人，这实在太不容易，这个举动本身就足够被尊重，无论其他。

[ 4 ]

永远不要对一切你并不足够熟悉的行业，你并不了解的每个劳作的人，无论他挣扎的姿态在你看来多么低微，而去泼冷水。

书店门口那个拖着生锈的推车贩卖针线的老太太，楼下那个偶尔光着膀子，全身黝黑的水果摊主，每篇平凡无奇的文章背后，默默对着屏幕码字的专注背影，我觉得他们一头扎进对未来的美好憧憬里，去拼尽全力尝试让自己活出更好的姿态，这个过程本身，每个人每份努力都同样崇高，都一样有质感。

# 心有一把尺，度量百态人生

||||||||||||||||||||||||||||||||||||

一个朋友今年年底毕业，面临择业。其实择业不是问题，朋友纠结的问题是地域——留在香港还是回到北京。

她一开始没有特别的想法，两个城市都挺喜欢。只是最近跟家人、朋友说起来这件事，每个人都给出一堆建议，有人分析利弊，有人直接一边倒……朋友快疯了。

朋友从小是乖乖女，家里人喜欢帮她做决定。只是这一次，连父母的意见都不一致，各执一词。朋友跟我一样，也是天秤座，面临选择的时候纠结得要死。朋友问我，听谁的？

其实香港和北京各有利弊，大家看到的点都差不多。只不过每个人的认知不同，凭借自己的判断把某一方面放大了，于是利弊就不平衡了。

给出强烈建议的人，也都是对朋友很了解，而且在乎朋友以后过得好不好的人。他们用自己的生活智慧做出了"最佳"判断。只是，人和人毕竟不同，他们不能体会朋友心底的渴望和恐惧，他们的种种分析，都无法抹杀朋友自己心底里的声音。

朋友问我，如果是你，你怎么选？我不知道怎么选，我也不是她。我只知道在我面临选择的时候，从来没有什么得不偿失，利大于弊，因为心里在乎的那个点，可以撬动所有的一切。利弊得失，谁算得清楚呢？而且，我相信就算选了一条路没走通，也没关系，换一条就是了。没有任何一个选择可以成为一辈子的保障。朋友说，你的生活智慧总是一套一套的。

我只是拿自己的生活感悟来指导生活，这是我的幸福公式。每个人都会有自己的公式，解救很多大大小小的问题。即使说不出来具体是什么，但是每个人都能听到自己心底的声音，做什么样的选择，成为什么样的人。

人心里都有一套价值判断体系和指导法则，只是有些方面不那么明确而已。碰到新问题时，因为自己的标准没有涉及，就习惯性地去借鉴别人的标准，当别人的标准互相矛盾的时候，自己就没有判断力了。

一个同学给我讲，他们学校有两个元老级的人物。在同一个系里三十几年，他们彼此看不惯，但两个人"巧妙"地避开了所有尴尬的场合。这两位教授，一个崇尚自由，一个崇尚克制：

一个生活潇洒，抽烟、喝酒、熬夜，从来没什么固定的作息时间表。他是滑翔伞的骨灰级玩家，经常有人来拜师学艺。工作状态很好，精神状态很好，最近十年看上去没有变老的痕迹。据同学分析，虽然他各种"摧残"自己，但是过得太快乐了，该经历的都经历了，想做的都做了。心情愉快，当然身心健康。

另一个生活极其规律，每天早上五点起床，健身，吃早餐，然后开始一天的工作。几十年保持着规律的生活作息。精确到几点回家，几点躺下来，甚至上午10点一杯牛奶，下午4点一根香蕉都没有中断过。他平时喜欢书法，去年还办了个人书法展。工作状态很好，精神状态很好，看上去比实际年龄年轻十几岁。

两个人都是喜欢分享生活智慧的人，给同学们上课期间总是穿插着说说怎样生活才是有意义的人生。讲完之后，看同学们笑而不语，二人都会半开玩笑似的说："××老师跟你说要作息规律／想什么时候睡就什么时候睡，是不是？别听他胡说八道！看他活成那样子！"同学傻了，谁活得更好？

两个我尊敬的建筑师前辈，他们的作品都得到业内的认可，也是谁都看不惯谁。一个画草图天马行空，只有自己看得懂是什么。他的工作方式是先让大家一轮一轮头脑风暴，只要概念精彩，体块虚实把握到位，细节都不是事。

另一个勾勒的草图都是整整齐齐的，构图都一丝不苟。每一轮方案推敲，都要直接把细节做到位，甚至立面的划分，窗台的颜色，"没有细节就没有整体"。

两个人都喜欢给年轻建筑师分享经验，把自己的心得体会讲给大家。多年来，他们的工作方法自成体系，各自讲给同一拨儿年轻人，自圆其说，无懈可击。年轻的建筑师们傻了，谁说得对？

其实，生活中从来没有一个标准的公式来判断对错是非。很多事情，没有对错，也没有更好，只有适合不适合。真正的标准，在每个人心里。静下心来，给自己一段时间，慢慢地心底的判断标准就会清晰明朗。

比如自由还是克制的生活状态，你自己心里面肯定知道哪一种会让你更兴奋。如果你不像前面提到的两位教授那么极端，按自己最乐意接受的状态生活，也没什么不好。

比如做方案的模式，每一个建筑师肯定都有自己的倾向，只是没有那么极致。其实也不用像他们那么极致，中和一下也不失为一种好的尝试。

别人的生活，没有好和更好之分。他们笃定的生活哲学，也许适合你，也许不适合。就像每把锁都有一把钥匙，能对号入座才是最好的生活哲学。况且，把别人的生活智慧挪用到自己的身上，如果不是你想要的，又有什么意义，人要贴近自己的天性去生活。

信息化时代，我们每天接收到各种各样的指教，不能听到什么就全盘接受。要选择性地吸收，构建自己的认知和判断体系，推演出适合自己的那个幸福"公式"。在随后的岁月里，反复求证和完善，不同于旁人又自成体系。

要明白，人人生而不同。每个人都应该有自己的一套生活智慧，不盲从，不偏激，不虚伪，不妄自菲薄。然后，用它来指导眼前的生活，对自己的内心真诚，才是靠近幸福的捷径。

# 学会接纳自己

||||||||||||||||

有一种我们很不齿的行为，叫"乘人之危"。

乘人危难之际，设置诱惑，让对方往里钻，满足私心，达成私欲。

比如说，赌场上，乘对方输红了眼，放出高利贷；

再比如说，乘杨白劳没钱还债，把喜儿给霸占了；

诸如此类，说得道德化一点：不是君子所为。

说得市井一点：你不干人事儿！

但乘人之危者，何以屡屡得手？换了一个场景，一种境地，一种心情，同样的伎俩，为什么却不奏效了？

心理学家通过大量的实验证明：生活越困窘，情绪越低落，越让人难以抵抗诱惑。

也就是说，当你坠入低谷——现实的、情绪的——你面前的所有诱惑，都会变得更有诱惑力。

经济危机来临时，人们会更想购物；

工作压力大，会让你吃得更多；

拖延时间越长，会更加难以集中注意力；

看完《死神来了》等恐怖片后，人们会不自觉地，花上三倍的价钱，买上自己根本不需要的东西。

电击实验小白鼠时，他们会疯狂地渴望糖类、酒精。

而在人类世界里，现实世界的压力，则会让戒烟、戒酒、戒毒、节食的人，更容易重蹈覆辙。

有一项心理研究，就是关于此类现象的。

实验人员在实验室里，摆满了巧克力蛋糕，每一个被试者，都可以自由食用。

然后，被试者必须回忆自己最惨痛、最失败的一次经历，比如，被强奸，被偷盗，被羞辱，被贬低……

理所当然，他们变得情绪低落，泪流满面，甚至歇斯底里。

终止之后，当他们走出实验室，面对蛋糕，许多人都大肆吞咽。

实验人员对比了一下，被试者此时摄入的蛋糕量，远比情绪正常时要多得多。

即使是对蛋糕原本无兴趣的人，也会突然想吃点，因为，"这会让自己高兴起来"。

"让自己高兴"，就是我们面对压力时，不自觉寻求的心理奖励。

因为，愤怒、悲伤、挫败、焦虑等消极情绪，都会引起大脑的应激反应——它会拉响警铃，提醒每个神经元注意：大敌来临，一级备战，身体快快行动！

于是，身体叫了一声，"喳！"

立刻奋袖出臂，露股而奔，启动一系列变化，释放多巴胺，平衡情绪，从而援救自己，直到你慢慢平静下来。

这就是心理的自我救援过程。

那么，身体到底启动了什么变化呢？

简而言之，就是在大脑的指引下，在记忆库里，寻找那件最多快好省地让你快乐的事情，重新做一遍。

它会对烟民说：来，抽一口！

它会对暴饮暴食者说：来，再吃一碗！

它会对性瘾患者说：走走走，找个人滚床单，忘却这一切！

这貌似没有问题。

想得到快乐，是一种自然的生存机制。

自我救援也很正常。

但问题是，大多数释放压力的方法，会让我们更有压力。

美国心理学家做过一次统计，发现最常用的解压方法——吃东西、喝酒、看电视、上网、购物、玩游戏——往往是最无效的方法。

比如，通过暴饮暴食来解压的人里，只有16%认为，这种方法有效。

而在另一项调查里，女性感到抑郁时，去吃大量巧克力，结果却是带来更大的罪恶感。

还有一项调查则发现，失意者购物更多，看到忽然暴减的银行存款，会带来更剧烈的自我批评。

罪恶感和自我批评，又会让我们情绪更低落。

于是，陷入恶性循环。

烟民的烟瘾越来越凶；暴饮暴食者吃进去更多的食物；购物狂会刷爆更多信用卡；拖延症患者浪费更多的时间。

那，我们就没办法了吗？

当然不是。

我们还有科学的解压方法。

首先，你要记得：当我们陷入"人之危"，我们需要的，不是释放多巴胺，而是增加催产素。

多巴胺让我们兴奋，却不是拯救良方。

只有血清素、γ-氨基丁酸和一些让人愉悦的催产素，才能有效减少压力荷尔蒙，让大脑解脱，产生有治愈效果的放松反应。

那么，做什么事情才能产生这些元素呢？

心理学家发现，瑜伽、冥想、散步、洗澡、阅读、听音乐、与家人朋友相处、按摩、画画、培养有创意的爱好……都能增加这些化学物质。

虽然，相较暴食饮酒购物而言，这种方法产生的"快乐药"，剂量小、见效慢、程度轻微，不会让人立即好转，但是，它才是唯一有效的解压之策。

除此之外，还要学着接纳你的过错（引起你情绪低落的）。

众多研究显示，自我攻击不会增加我们的力量，而是会削弱我们的意志。

比如，一个实验是这样的：

女士们在实验室里被要求吃一个甜甜圈，并喝一大杯水，产生强烈的饱腹感。

接下来，她要完成一份答卷。

如果她在答卷中，说自己很有罪恶感，那么，她会在接下来的巧克力、爆米花、馅饼诱惑面前，会更加难以自制。

她会比无罪恶感的女士，吃掉多出一倍多的食物。

因为："我的减肥计划已经失败了，那我再吃点又有什么关系呢？"

由此可见，自我接纳比自我打击，对意志的恢复，要有效得多。

也因此，凯利·麦格尼格尔说：情绪低落会使人屈服于诱惑，摆脱罪恶感会让你变得更强大。

只有有效地解压，真正地接纳自己，我们才能更有效地，恢复真正的乐观，凝聚自己的意志力，在各种人生低谷中，依然眼睛明亮、骨骼坚硬、笑容迷人，继而找到那条路，带领自己逃离困境，继续向前……

# 自知自信且自强

即便过去再美好，

你躺在漂亮的温床上不想下床，

也赢不来更灿烂的华丽丽；

即便过去再糟糕，

你走得动路上得了坡，

勇敢断舍离，

前方也有好风景。

# 你无所畏惧，便能勇往直前

ⅠⅠⅠⅠⅠⅠⅠⅠⅠⅠⅠⅠⅠⅠⅠⅠⅠⅠⅠⅠⅠⅠⅠⅠⅠⅠⅠⅠⅠⅠⅠ

如果没有加入妈妈群，你或许永远不会知道世界上有那么多才艺傍身的女性。

她们会烘焙，做出的蛋糕足以毫不羞涩地站进五星酒店甜品橱窗；她们会手工，剪的纸、捏的黏土、烧的陶器几乎能够申请世界非物质文化遗产；她们烹饪各种高精尖菜品，每一个都让你想到《舌尖上的中国》；她们有时间每天观看孩子做早操，不像你，匆匆把宝贝送进教室，在脸蛋上吻一下，便快步回身赶去上班；她们看起来优雅从容，永远装扮得体站在校门口迎接孩子扑到怀里那一刻。

和她们比起来，你简直不好意思承认自己也是妈妈。

你特别害怕周围人饶有深意地说"××妈妈很忙的"，言外之意是你没有尽到母亲陪伴孩子的责任，你没有拿出足够多的时间和精力照顾子女，你得不到"好妈妈"的小红花。

所以，当女儿问我："点点妈妈会做曲奇，你会吗？"我瞬间很紧张，我不会，但是我怕她失望，我怕她因为失望降低对我的信任和依赖。

我立刻上网把烘焙书和原材料放进购物车，在点击付款的时候却犹豫了——即便立刻学习，我也不可能短时间练出像样的手艺，依旧不值得她骄傲；而且，她今后将接触各种各样的技能，手工、音乐、舞蹈、体育、写作、绘画……我不可能样样都是高手，次次满足她的期待，是让她从现在开始接受我不是全能妈妈，还是一次又一次挑战她小而脆弱的自豪感？

母女，是陪伴一生的长久亲情，我用得着勉强自己做不擅长的事情来维系她对我的爱吗？我有必要掩藏自己的弱点放大优势获取她的仰视吗？在漫长的陪伴中我们难道不应该找到最舒适自然的相处模式，表现最真实坦然的自己吗？我接受她是个专注力极强却相对内向的孩子，不勉强她像小社交明星一样礼貌热络，她是否也可以接受我这样一个热爱自己的兴趣，生活中有无限乐趣，却做不出曲奇的妈妈呢？

我没有买烘焙材料。

逐渐，她不再提曲奇，慢慢喜欢并且适应我们俩的相处模式。我也平和而舒展，不勉强自己承担超过我能力范畴的任务，甚至，当我听到"××妈妈很忙的"这句话也不再心虚气短，我坦然接受微笑回答："确实很忙，但是一定尽力多抽时间陪宝宝。"

在"妈妈"这个领域，我不再拿自己的短处和其他人的长处比，比出一个特别窝心的结果；我接受自己的不足，也引导孩子接受我的不圆满，不再患得患失惧怕失去她的仰视。

我意识到，包括亲情在内的很多情感都建立在真实自我的基础上，老老实实还原自己本来的面目，既不刻意表现优点，也不卖力掩饰缺点，更不为了讨好谁，或者延续某一种关系而去拗造型做自己原本不擅长的事，情分反倒长久而舒适。

那些问我"筱懿姐，我该不该变成他喜欢的样子"的姑娘们，看到这儿，相信聪明的你早已有了答案：生活是场马拉松，所有不舒适的姿势都坚持不了很久，犹如靠迁就和粉饰得来的感情，都跑不完全程。

情感世界里最基础的定律是：是你的就是你的，不是你的无法强求。即便无数爱情读本都在教导女人如何留住男人心，可是，两个人最天然的吸引远胜一切技巧。他如果爱你，纵然你十三点，他也能从你脸上看出孩童般的天真，和毫无矫饰的热情；他如果不爱你，你不求索取从不放弃，耐得住寂寞经得起诱惑，他的眼睛照样盯着对面妹子的大长腿。

越怕失去，越会失去。不怕失去，才不会失去。

那些本来就留不住的东西，青春、美貌、新鲜的爱情，哪有一样是因为我们害怕就会常驻的？它们只会用更快速的消逝回应你抓得过紧的控制。

那些脖子上挂满奖牌的家伙，哪有一个是因为害怕失败而站上领奖台的？他们只会享受全情投入的喜悦和冲刺高峰的快感。

我爱了二十年的梅丽尔·斯特里普说："我不愿去取悦不喜欢我的人，或者去爱不爱我的人，或者对那些不想对我微笑的人微笑。"

我能想象她目光笃定眼神骄傲地说这句话的样子，因为她根本不害怕失去——少几个不喜欢不接受你的人，那能叫"失去"吗？那叫清理门户。

有什么值得紧张的？

任何关系，莫不如此。

前段时间乐颠颠地陪一个超级有趣的姑娘相亲，对方是个处女座龟毛男，出了名的挑剔难搞，所谓的外在条件貌似也挺有资本坚持自我，介绍人磋商了几次，妹子坚决约在自己最喜欢的火锅店。

于是，四名衣冠楚楚的男女，围着花花绿绿的火锅围兜，坐在辣气袭人的包厢，头顶店家友情配送的护发帽，气氛诡异。

点菜，妹子熟络地招呼伙计：两副猪脑、四个羊腰，再来十五串烤五花肉。

我心想，完了，一世情缘尽毁二副猪脑、四个羊腰，两个璧人情绝十五串烤五花肉。

没想到，对面一直端着绷着的处女男立刻放松，龇出一口保养良好的白牙，笑了：你也好这口？

俩人一拍即合。

爱情的真相是，他如果爱你，你涮猪脑、吃羊腰、啃烤五花肉都合他的心意；他如果不爱你，你没事儿就去巴黎喂鸽子也对不上他的脾气。

新年的真相是，即便过去再美好，你躺在漂亮的温床上不想下床，也赢不来更灿烂的华丽丽；即便过去再糟糕，你走得动路上得了坡，勇敢断舍离，前方也有好风景。

生活如弹簧，你硬它就软，你软它就强。

# 每条路都值得你去走一走

||||||||||||||||||||||||||||||||

　　记得高三的时候，我选择了要努力高考然后考去澳门读大学。那个时候，我从未离开过家没有离开过上海，再好笑一点，从来没有离开过上海虹口区。也从来没有经历过任何要一个人面对的大挫折。我听过一句话："当你知道你想要什么的时候，整个世界都会给你让路。"那个时候觉得这句话很神奇，于是就默默记住了。

　　突然想起，最近很多人会来说，"你的人生很欢乐啊，四处走，四处玩，四处拍照"。那么，如果真的来换你体验我的人生，你会愿意吗？

　　因为戴牙套，很多英语的音我不能发标准，但我还是会很努力去表达；在欧洲读书三年，有半年是在爱尔兰交换，还有现在的半年在巴塞罗那实习，到处走到处搬家，到处找牙医；在西班牙找牙医真的很难，再找一个讲英文的更难；我总是租那种有家具的短期房，因为总是搬来搬去，尽量买很少的东西减少搬家的麻烦，居无定所；大三上半学期荷兰海牙大学的OSIRIS有问题，到现在很多成绩还有追回来；实习的公司里除了我，全是英国人、加拿大人的英语nativespeaker，而且是专业marketing背景出身，压力可想而知；更不用说这里是西班牙，很少当地人会讲英语，就连一点英语基础都没有，所以我还要额外学习西班牙语。

　　住在巴塞罗那市中心很贵，所以我住在近郊，每天我都要一清早赶火车再转地铁；公司在巴塞罗那市中心，午餐很贵，所以不能顿顿出去吃，因为大多餐馆是开给游客的，有时候还要自己准备午餐；我的论文导师对于文法很敏感，一点点小错误她会退回邮件要求重新再写，更不用说，我已经发了五次thesisproposal，我的压力很大，因为proposal不通过会影响到我做research的schedule；选择了来巴塞罗那实习，意味着荷兰那里的房屋地址还是要续着；选择来到这里实习，导致了我之前黑心房东拿着我的350欧元押金，我还不能脱身回到荷兰讨回公道；黑心房东还拿着我的银行信件和寄存在那里的一箱子行李；当初我去爱尔兰交换，visa在临走之前才办下来，更不用说办visa的时候要准备一大堆证明；在爱尔兰开始他们的浓重口音我都听不懂，第一个星期上课还很迷茫；在去爱尔兰之前，还要保证海牙大学所有的学科第一次考试就通过，因为去了爱尔兰交换就没有补考的机会了；大一的时候第二个term我的学生卡丢了，结果第三个term一个星期里内压力很大地要考12门功课……

今天早晨，巴塞罗那阴天，浓云密布。昨天晚上发起了高烧，一点力气也没有，却还是拖着病挤上了火车，再照常转地铁到市中心去上班。害怕迟到，直接穿着运动裤和棉衫，套上厚厚的外套，早餐也没有时间吃。

我还是坚持每天都是第一个到公司，就算我是住得最远的；我每天都晚上7点半下班，很努力研究SEO，学习online marketing，viral marketing campaign，认真写公司SEO-blog，分析GoogleAnalytics。每天两个多小时火车加上地铁来回，到了家还要做饭还要写论文。昨天晚上一点力气也没，就直接睡觉了。

我的爸爸妈妈从来都不知道我有没有生病、有没有压力很大，因为我从来都不会在那些时候和他们说。只会在最开心的时候，比如收到实习offer，比如拿到奖学金。他们像你们的爸爸妈妈一样，很想宠爱家里唯一的小女孩。可是，就算我说，今天我生病了，发寒热还喉咙痛到一点声音都发不出来。他们只能在那里很着急，但这不是我要的。

当今天早晨拖着病发着高烧走在熙熙攘攘的巴塞罗那街头时，我醒悟过来，原来当你真的想要什么的时候，你会拼了命很努力地去争取。去争取和自己心爱的人在一起，去争取自己想要的事业，去争取进步成为自己想要成为的人。整个世界都会宠爱你，因为你的努力和真诚。

我很谢谢那些宠爱我的朋友们，一直都那么帮助我、鼓励我。我觉得我很幸运也很幸福。

因为戴牙套的关系，反而独创了嘉倩招牌笑容；因为去爱尔兰交换，结交了很多朋友；因为不害怕麻烦凭着一股傻劲，反而来到了巴塞罗那实习的第一个月就有了很多值得玩味的经历；因为我很努力研究SEO，现在我写的SEO-blog成为公司网站吸引Traffic的topcontent；因为喜欢摄影和对它的热情，得到了老板嘉许可以变成实习任务的一部分；因为喜欢放大生活里一点点的小快乐，于是就渐渐成为一个很乐观的人。

因为自小喜欢看书看电影，不甘心一直看别人的故事，于是就选择走出自己的小世界，这四年不在上海一个人在外面闯荡，慢慢也成了有精彩故事可以说的人。

谢谢Mel还有她可爱的妈妈，替我解决荷兰的地址注册问题，还帮我同荷兰政府交涉，免去了一笔额外水电税的钱；谢谢爱尔兰交换的时候，Ryon、小胖、晶菁等等大家的帮助，谢谢晶菁那天来开车接机，谢谢大家为我安排学校旁边的房子；谢谢公司里的同事，替我修改论文proposal，还很认真地听我的表达；谢谢实习公司的老板，让我第一次那么专业地当communication咨询师，耐心地教我；谢谢小马、毕业生、Jackie、小雅小文姐妹对我那么有信心，让我更想努力成为communication咨询师；谢谢Aboy，一起去土耳其的旅行我真的很开心，谢谢你一直照顾我；谢谢我的爸爸妈妈，你们从来没有给过我压力，只要我快乐就好，也是你们让我懂得，平常心最重要，人还在什么都好了，不管去哪里都要认真地生活；谢谢大家在校内里支持我的照片，让我就算戴着牙套，也能笑得很开心、很自信，谢谢你们对我说，看我的照片也会心情很好。听到这个，我真的好开心；是你们让我懂得了越努力越幸运的道理，也是你们让我对这句话"当你知道你想要什么的时候，整个世界都会给你让路"有了更深的领悟。

还有十天就22岁了。

这一年，我就要摘牙套了；这一年，我就要毕业了，选择继续读master或者工作；这一年，我会为实习的公司执行一次自己策划的viral marketing campaign。

这一年，我还有很多地方想去。

这一年，不论我去哪里不论我做什么，我还是会坚持做我自己。

希望大家看完这篇日志，能够能量满满地爱自己的人生，爱自己的生活。羡慕别人的生活不能为你带来进步，脚踏实地地走好现在的人生路，不论你在高考、考研、求职还是面临毕业，不论你在国内还是在外留学……每一条人生路都是值得走的，就看你怎么走，怎么努力，怎么用心。

做一个能努力读书工作，同时可以用心享受生活乐观的人，这比什么都实在。

# 想要学会坚持，不如从跑步开始

||||||||||||||||||||||||||||||||||||||||||||||

[ 1 ]

曾在一个企业就职时，我接触到不少领导，发现一个规律：优秀的人都是相似的，身上具备一种常人难以企及的自律、勤奋、毅力。

大Boss是一个60多岁的男人，天天坚持早起跑步，不论气候如何，从不间断。另一个领导，每天游泳，尤其是在寒冷的冬天，在刺骨的冰河中冬泳。

日复一日，年复一年。

从今年4月份开始，我重拾跑步。到如今，近4个月，和很多长期坚持跑步的人来说，这只是相当小的数字。

不过，却给我带来很大的改变。先不说体重减掉17斤，最主要的是，每天的跑步时间，是和自己身体、心灵对话时光。

"正因为刻意经历这痛苦，我才从这个过程中发现自己活着的感觉"，村上春树在《当我跑步时我谈些什么》中说。不断努力去突破，告诉自己对平淡的生活还存在斗志。跑完时，多巴胺产生的满足感，让人痴迷。

[ 2 ]

有人说，长期跑步的人，运气很好。我深信这一点，因为在运动过程中，会产生正能量的气场。根据吸引力法则，你有什么样的气场，便会吸引什么样的人和事，收获怎样的人生。

不信？看看以下几位：

### 张钧甯

气质、大长腿是外界对她的评价。通过跑步，最实在的效果是矫正了她20多年来驼背的习惯。"运动不是拿来跟别人炫耀的，应该是自己对自己的对话。之所以分享，是因为能更好地坚持，身体的收获，是坚持的动力"。

与其注重终点和成绩，她最注重的是过程。在每一步中，她学会的是，专注于当下的每件事。

### 陈意涵

一个女人30多岁的样子是怎么样的？陈意涵给出了最美的答案。

为什么喜欢跑步？她在微博中这样说："我一直跑步，是因为，这是我现在，唯一能确定我可以做好的事，沉醉在看到数字的增加，很单纯，直接。"

事实上，她只有这件事做得好吗？No。一个人能够把一件事做好，她做好另一件事的可能性也比他人大。

### selina

跑步对于selina来说，是完全不可能的，因为受伤最严重的双腿，遍布的疤痕，使得关节、肌肉的动作受到了限制。迈开的每一步，都是对自己身体的挑战。

然后，她竟然完成了半马，跑完后她最大的感受是："跑半马这件看似不可能完成的事，你都做到了，那以后什么事情，你都不能轻言放弃！"

不断突破自己的极限，在跑步中，她真正地爱上了自己，懂得了什么是最重要的。

贾静雯

在人生的低谷，贾静雯在弟弟的鼓励下，开始跑步，认识了同样热衷于跑步和运动的修杰楷，对方常常给他建议，从她的"私人指导"变成了现在的爱人。

对于她来说，跑步带来实实在在的好运，那就是一个可靠的男人，一份甜蜜的爱情。

[ 3 ]

冯唐在《跑步的五个原则，带来的十个好处》中，谈到跑步给他的好处"欣快、甜睡、能吃、能瘦、去烦、感受、充电、放下、偶遇、独处"。

对于我来说，虽然跑步的时间不够长，但已经将其看作生活的一部分，痛并快乐地持续着。除了瘦身，我的感受是这样的：

1. 独特的独立思考、与自我相处的时间。对于一个家有双胎、兼顾工作，还有家务的人来说，唯有跑步时，才能给自己缓冲，认真与内心对话，抚慰、鼓励、肯定自己，释放不良的情绪，与生活的甜与苦和解。

2. 唤醒内心深处的梦想。我之所以喜欢一个人跑步，是因为喜欢享受这份单独的时刻。看似单调的过程，脑海中却总会出现很多五彩波澜的想法。重新看待自己的写作能力，开通个人微信号，挤出时间写作、发文，便是一边跑步一遍想的。

3. 享受跑完步之后的满足与快乐。跑步的过程虽然有点苦，但是跑完全程的感觉却无比美妙，多巴胺给人的欢愉感，就像进入热恋一样，这也是为什么很多人跑久了，便会爱上跑步的原因。跑步，是容易上瘾的，就是因为苦后让人痴迷的甘甜。

4. 激起对生活的斗志。长期处在一种状态，难免会疲惫，懈怠。在跑步中，经常会唤起自己内心深处的欲望，以及曾经，或者已经搁置已久的梦想。

人在饥饿、寒冷等比较恶劣的情况下，反而能激发起对另一种能量。跑步也一样，体力的枯竭中，能让人实实在在地、真真切切地体会到"活着"的感觉。

5. 吸收正能量，保持好的生活状态。一个很累的时候，如何才能让自己摆脱这种状态？我的答案是运动和跑步。

一定会有人问：那不是更累吗？以毒攻毒，最后反而会让人满血复活。每天带孩子做家务工作的连环套，整个人已经很疲惫了，有时候情绪比较低落。每次跑完步，整个人精神气爽，烦恼也会一扫而过。

跑步中，人们往往会联想到很多美好的事，内心深处的正能量满满散发，好的运气和事情便会渐渐吸附过来。

有了自己专注的事，对生活中的琐碎便不会那么在意，整个人也变得清爽了很多。

怎么样？一起跑起来吧！

# 教养是种温良的天性，是有爱有坚持的家教

‖‖‖‖‖‖‖‖‖‖‖‖‖‖‖‖‖‖‖‖‖‖‖‖‖‖‖‖‖‖‖‖‖‖‖‖‖‖‖‖‖‖‖

## ［1］

因为经常出差，越发感受到"教养"二字的重要性。

一大早去赶火车，进站口乌泱泱人群缓慢挪动，突然后面跑来三四个人，一个箭步冲到队伍最前端，直接把身份证和车票塞到安保眼皮下面，"火车要来不及了，快先帮我验！快点！"然后幻影术一样过了安检，消失在巨大的人流中。

规则面前人人平等。既然知道进站要排队，就应该预留好时间，你的加塞就是在破坏别人的出行节奏。即便因为突发情况需要插队，也要说"请"和"谢谢"，因为没人必须为你的失误分摊时间成本。

我让你，是教养；不让你，是应该。

还有次在酒店吃早餐，隔壁桌来了个姑娘，穿着全套紫色juicy couture，齐腰长发湿嗒嗒耷拉着，脚下踩着酒店房间里的白拖鞋，走起路来啪嗒啪嗒响。

我和同事在聊天，之所以注意到她，是因为，太特别了。

首先，她拿了6盒酸奶放桌上占位子；然后，端来一盘水果沙拉，不知大家还记不记得多年前有个热帖，教人如何在必胜客堆自助沙拉，那姑娘就堆了那样一座水果通天塔；还没完呢，她用两只白瓷盘把所有甜点都拿了一份来，

一桌花团锦簇……

也许你会说，他们付了房费，这里是自助餐厅，爱怎么吃是别人的事，你管得着吗？

真管不着。但我不也没管嘛。

只是想起多年前自己在大阪关西机场酒店的一件往事。

## ［2］

那次在日本连开了10多天会，每个人都累成狗，入住关西机场酒店后，领队通知，酒店可以提供纸盒打包业务，直接托运掉。

好不容易把各种手信整理到一只箱子中，我穿着酒店拖鞋就进电梯了。开电梯的姑娘穿着粉色职业短裙，一脸妆容精致。看我穿着拖鞋，立刻摇手，用日本味英语叽里咕噜说一大通，大致意思是，不可以穿拖鞋出房间去大堂。我解释，我去快递箱子，快递点就在电梯口啊，我不进酒店大堂，这么重的箱子也不想再提回房间啊。

她看了看我的房卡，然后把箱子接到手上，微笑着又把我请出了电梯……

等我气急败坏换好鞋，坐电梯下了楼，发现另一位穿粉色套装的姑娘正站在电梯口等我，看了房卡后，一个劲道歉说添麻烦了，然后帮我把箱子一路提溜到了托运处。

真的，那一刻我真恨不能找个地缝钻进去。因为她们用自己谦逊但坚持的态度，告诉我什么是礼仪，示范了什么是教养。

适量取餐，也是在日本"被迫学会"的。在日本中餐厅吃饭，菜是一道一道上的，必须把一个盘子吃空，另一道热菜才会端上来，你左顾右盼盯着服务员，他永远笑眯眯站得笔直，好像不在乎你要吃多久，他们只在乎你一定要吃完眼前的……

后来懂得：选择真正想要的是种能力；克制贪婪欲望也是种能力；合理分配财力、体力、心力，更是一种能力。

这些能力，统称为教养的文明驯化。

[3]

上大学时流行打零工。我有个学弟，因应聘上某美国连锁咖啡馆的兼职生，在老乡群里轰动一时。

某晚聚会，大家撺掇他说说那家国际化咖啡馆里的故事。

"有个女生，每晚五六点来，天天坐在店里最拐角位置，一直坐到打烊才走。"

我们嘘他："观察这么仔细？看上人家了？"

他没接话茬接着说："有天我去收桌子，无意间看到她从包里掏出一只我们家的旧咖啡纸杯放在桌上，然后埋头看书，当然，她没注意到我。后来我开始关注她，发现她每天都拿那一只纸杯出来，其实经常三四小时不喝一口水。"

大家都沉默了，三十块一杯咖啡，那年代真不是一般人都消费得起。但在每天都有人等位的咖啡馆里，拿旧纸杯蹭位的姑娘，心理素质也够强。

"后来我把这事告诉店长，本来以为他会想办法把她请走。结果他只说了一句，'就当没看到'。"

过了段时间碰到学弟，又问起那个神奇姑娘。

"店长后来把自己的班都调到晚上。有时收桌子，会'顺便'给那姑娘添杯热水。不过她很久不来店里了，走之前找店长买过杯咖啡，付钱时我听见她说'这段时间谢谢你'，原来她什么都知道啊。"

"啊？"

这故事，我看到开头没猜中结局。

我是过了很多年才理解那个店长，他选择"没看见"是一种教养；他用"视而不见"默默维护着一个女孩的自尊心。他让别人舒服了，让自己安心了。

[ 4 ]

多年前香港乐坛还火时，每年都会邀请内地音乐台主持人参加年终音乐盛典，会后有媒体答谢晚宴。

有个电台姐姐去香港参加完一次活动后跟我说："我觉得刘德华这人一定常青。"

问她为什么。

"媒体晚宴就是媒体聚餐嘛，很多明星都不来，刘德华这样的大咖，不仅来了，比我们到场还准时。桌号是按不同地区摆的，像我们内地电台就往后一点，几十桌啊，他每桌都来敬酒，和我们每个人都碰杯，我发现他每桌分配寒暄的时间基本也都一样，你说这样的人怎能不红？"

我感叹："华仔情商真高，什么人都能应付。"

姐姐摇摇头："错了，他是教养好。哪个明星不知道要和媒体搞好关系，能做到的又有几个，他是打心底尊重每个来参会的人。饭局最能考验一个人的修养，能照顾到每个人的情绪，不因身份地位悬殊尊重每个人，这人真了不起。"

有人说，有钱就会变的教养，因为活得不紧张、不狼狈了，自然有空照顾方方面面。我并不认同。

教养是种温良的天性，是有爱有坚持的家教。

家门口有家苍蝇馆子，以前常去。有天迟了，是最后一桌，上完菜，见一个帅气男孩从后堂出来，躲到包间里窸窸窣窣一阵，出来时，身上油腻腻的厨师服换成了干净T恤衫，脚上也换了洁白的球鞋。

然后他在柜台上摸出茶杯，端把椅子到门口，在行道树的树荫下开始翻一本封面破旧的小说。

那一刻不知为什么，觉得特别美好。在午市后的餐馆见过太多蓬头垢面的人，累了一中午，披散着头发，糊着浓妆，有些穿着短胶鞋，有些穿着油滋滋的厨师服，直接趴在刚擦干净的餐桌上就迷瞪起来。而这位小伙，只为在门口喝一杯茶休息休息，执意换上干净衣服和鞋，他对自己、对生活、对美，都是有要求的。这就是有教养的人。

后来听老板娘说，这小伙是大厨，因父母身体不好，才留在家门口干活。又过了两年，小伙走了，这家菜式越来越"农家乐"，我也很少去吃了。

只是偶尔还会想起那个坐在树荫下的身影，他身上有对平淡日子也不肯苟且的倔强，是一个普通人最温润的教养。

# 成熟是没有最终标准的

‖‖‖‖‖‖‖‖‖‖‖‖‖‖‖‖‖‖‖‖‖‖‖‖‖‖

曾几何时，我是那么讨厌听见"成熟"一词。

因为我每次听见别人说："渔，你要成熟一点。"我就立即明白，又到了需要自我牺牲的时候了。

渐渐地我发现，别人嘴里要求我的"成熟"，并不是真成熟。他们所谓的"成熟"是绑架在他们对我的要求上的。

但自从成为一个网文写手，我开始喜欢起"成熟"一词。我在长辈们认为最不成熟的地方——网络，发现了真正的成熟。

在网络上，既有叛逆的个性张扬，也有理性的客观思辨。看似互喷的网络，所有人都在进行一项重要活动，那就是不停更新自己，我想这才是真正的成熟。

所谓真正的成熟是一个不断觉得过去的自己很幼稚的过程，那些开口就"想当年"，喜欢为自己过去辩解的人，都是生活越过越糟的人。

一本书上写着：真正的成熟是经历了世态炎凉之后的通透，是饱经沧桑之后的洗练；而不是经受挫折之后的苟且。

很多貌似成熟的人，就像没有成熟就落到地上的果子，看似成熟了，实际上是被虫子咬了，烂了。

我恍然大悟，我总结了几个真正成熟的标准。

1. 当你终于沉默，成熟才刚刚开始

清晨上班，年级主任又开始传达校长的精神，学校要三年初中第一，高中第三。全场的老师像打了鸡血一样恭维主任，拍着胸脯说跟着领导走前途无量。

我高兴不起来，因为我意识到疯狂地加班又要来了，不过工资却不会加。我沉默了，年级主任白了我一眼，散会的时候对我说："小渔老师，要支持学校工作！"，我对主任笑笑，没有说话。

接着一个星期的加班，不断有老师去教育局上访要求学校改善待遇，办公室里问候年级主任全家的脏话喷涌而出。

还有几个老师约我一起辞职，不要在这个破中学干下去了，我笑了笑拒绝了他们，埋头写我的材料，准备我第二天的课。

一年后，我成了大学老师，每周只有十几节课，是原来工作量的一半。不用再熬夜写材料，守自习或者帮领导按电梯门。

我打开朋友圈，看到当年邀约我辞职的小伙伴还在苦苦煎熬着，有的在朋友圈怨气冲天，诅咒学校早早倒闭。有人在呻吟自己多么辛苦，朋友圈配上半夜赶材料的照片，祈祷领导能够看到。

我不是个内向的人，我之所以沉默是因为我不想恶心自己去迎合别人。

真正的强大是沉默的，假如你还想对这个世界了解得更多，那就要继续一声不吭。在这个希望和失望已经浑然一体的时代里，沉默是对生活最好的轻蔑。

2. 在这个功利的世界里深情地活着

某天一家培训机构邀请我和杨师兄一起去讲课，课酬很丰富，机构负责人甚至开车来接我们。

负责人很客气，开车送我们去上课的途中，他接了个电话。电话内容似乎是有一个快递到了，负责人说他在外面让快递员明天送来，而快递员似乎不方便。

"我正在接送老师去上课，有什么事回头说！"负责人粗暴挂上电话。

我对负责人对我们的重视感到荣幸，但我也劝他还是回去先拿东西，我们自己过去就行。

然而杨师兄当场要求下车并取消课程，我和负责人惊呆了，我无论怎么劝说他都不听，他也不解释理由。杨师兄劝我一起走，但我舍不下那点高昂的课程。

事实证明，杨师兄是对的，我尽心尽力讲完五天课后，负责人没有支付我报酬，之后电话也打不通。最不要脸的是，他也没有跑路，他的机构依旧红红火火的招生，我多次讨要课酬无果，负责人还用黑社会威胁我。

吃了这次大亏，我佩服起杨师兄的先见之明，我问杨师兄为什么他能提前洞察这个负责人是一个骗子。

"渔师弟，你被一点蝇头小利就迷失了眼睛，亏你还是学心理学的。"杨师兄狠狠地责备了我，"一个对服务员态度恶劣的人，必然是一个自私的人，我并没有意识到他是一个骗子，但我可以肯定，与这样无情的人来往有弊无利。"

我突然明白了，即便再赤裸的利益交换背后其实都有人情在。

幼稚的人往往会把这种利益关系看成是赤裸的交易，由于阅历的欠缺，他们在表达自己利益诉求的时候往往过于开门见山而缺乏必要的情感判断，最终遭遇骗子。

从此我对快递小哥永远报以微笑，对服务员永远说着谢谢。

也许是我的错觉，但是感觉来找我合作的人越来越多了。有所大学经常找我讲课，一个朋友跟我说，他们校长很喜欢我，因为我每次来讲课都是自己打车来的。

3. 不要去别人嘴里要一个答案

很多女生在发现男友出轨后，喜欢去找"小三"和男友讨说法，我认为这是一个非常不明智的事情。

当你气势汹汹地指责男友，而"小三"楚楚可怜地躲在男友身后时，你就把一个摇摆不定的男人彻底推向了对面。

其实这个问题答案不在男友嘴里，即便他保证一万次"他爱的是你"，也无济于事。答案其实在你心中，如果你愿意宽容他一次，你可以选择给他次机会把他拉回正轨。假如你无法接受，你可以当场一刀两断。

这个世界没有所谓的正确选项，只有"取舍"二字罢了。取舍是一种大智慧，这件事只能我们亲力而为，从别人嘴里要答案，只会捡了芝麻，丢了西瓜。

对你而言，真正重要的东西，只藏在你内心深处。

4. 成熟的人是更加接纳自己的人

成熟的人，永远内外是一致的。不要责怪你的柔软和脆弱，正如光月亮影子也就越暗，强大和脆弱是永远相随的。

一个人不用活得像一支队伍，一个成熟的人只要活得像一个人就行了，有汗水也有眼泪。或者说，如果你不能接受你的软弱，自然也找不回你的强大。

更不要羡慕某些人的成功，我"做不到"没有什么可耻。这个世界上一定有你能做到的事，你需要找到它，而不是把别人的成就弄成你一生的负担。

假如你问我：喵大师，你自我感觉成熟吗？

我会毫不犹豫地说：我很不成熟。当我写下成熟标准这个题目时，我就已经不成熟了，因为标准是会变的，成熟是没有最终标准的。

当我十年后再回头来看，也许我会觉得我今天的想法很幼稚。但我今天必须写下来，时刻提醒我的幼稚。

成熟者应该牢记自己的稚嫩，就像疯子总觉得自己很有道理似的。

# 未来有无数可能，你哪知自己是哪一种

你身边有没有那么一种傻瓜？她们对朋友、爱人倾尽所有，甚至委曲求全，却因为爱得过度，常常让人背负着厚重的感情左右为难。离开便是辜负，留下又成了束缚。

她们可能长得不那么漂亮，可能身材不是很好，可能没有很高的学历，辛辛苦苦才找到一份朝九晚五又赚得很少的工作。

她们在离城市中心最远的地方租最便宜的房子，每天上班要在路上花掉好几个小时，勤勤恳恳但还是总挨领导骂，一副生活不会再好了的样子。

但是，在她们心里，感情大过天，所以跟朋友或恋人在一起的时候，她们总会笑得像小太阳，你开心时她们跟着开心，你难过时她们绕大半个北京城陪你吃饭，然后把自己不幸的遭遇给你讲一番，你顿时就释然很多。

李肉包就是她们中的一个。

这名字是她自己取的，你大概可以预见她是一个多傻的家伙。她是我之前一档节目的编导，还记得第一次见她，我的反应是：节目组是在逗我吗？

很潮流的帽子，超短裤，幼稚的露肩T恤，学生包，若不是再三电话确认，我差点儿把这个看起来傻了吧唧的姑娘当成某个偶像的粉丝。没错，她是某节目组的编导，第一次见面是为了完成前期采访。大我整六岁的傻瓜小姐拿出了一支挂着硕大轻松熊的笔和一本桃心形状的粉红色笔记本，一边咬着手指一边怯生生地发问。

"哥哥，你弟弟呢？"

"晚点儿过来。"

"那么，我们开始？"

"行。"

"你跟弟弟有一些好玩的事情吗？"

"有啊，微博上发的都是真实的生活故事。"

"喜欢听音乐吗？"

"喜欢，但不会唱歌哦。"

每当我觉得自己答得好少要不多答一点儿的时候，傻瓜小姐就非常满意地继续问下一个问题，一边问一边专心地唰唰唰记，天知道我那些"不会""不知道"之类的毫无营养的回答有什么好记的。

有一次无聊，看了下姑娘的朋友圈，百分之六七十的状态都是在深夜一两点发的，而且内容也大都跟工作有关。再加上一些细细碎碎的心情记录，我大概拼凑出了傻瓜小姐的生活状态。

工作于媒体圈。这是个出了名的苦逼行业，所以傻瓜小姐有着严重的失眠症。三四点钟还在刷状态说失眠，五点多又能发一张日出照，标注新一天的工作开始了。

沟通人群都是明星艺人或者网络红人，打交道难度指数四颗星。用姑娘自己的话讲："你俩那种小打小闹对我来说连餐前小菜都算不上，对那些难缠的嘉宾，我真恨不得打车去给爷爷奶奶下跪磕头了。干这行的，自尊心早一片一片地随风飘散了。"

薪资标准呢，具体数字还真不好打听，不过她租的房子位于遥远的"通州"，每天早上七点还要在满是韭菜煎饼味的八通线上打着盹儿挤在一堆人中间，这生活可跟她"浪漫梦幻"系的穿着边儿都挨不上。

从以上几点分析出来，傻瓜小姐应该每天在哭泣中睡去，在噩梦中醒来，双眼无光，为了填饱肚子交房租满脸褶子，每天除了工作就是拉着人诉苦，活脱脱新世纪祥林嫂才对。

但我眼前的傻瓜小姐是一朵剑走偏锋的奇葩，每天吃个盒饭能哈哈乐半天，走路脚上跟安了弹簧似的蹦来蹦去。

肉包说她习惯了，每天都是这样，十一点多要从北京的西南角坐地铁回东北角的家，总是加班，把自己的工作做好，又傻乎乎地帮同事的忙。她盲目乐观，带着这个特质横冲直撞这么多年，想得不多，计较得也不多。

她总说留下的是上帝的馈赠，走了的根本就不属于自己。每次朋友有心事，她都要掏心掏肺特别认真地安慰人家，别人生日比自己的记得都牢。明明自己也属于典型的北漂小人物，却努力在人前笑，在人后哭。

有时候我会说她："别老一根筋，觉得大家都是你朋友，出门在外带点儿心眼儿，我们逗逗你那是小打小闹，万一真有人居心叵测，你这种的一骗一个准儿，下场肯定特惨。"

傻瓜小姐依旧满脸灿烂："没事儿，我命好，碰不到坏人。"

我还记得我问过她："为什么这么乐观？"

傻瓜小姐答："你听过一个快乐的咒语吗？叫'转念一想'。"

"嗯？什么？"

"转念一想。工作很累的时候，转念一想，起码我还在赚钱啊；想念家人的时候，转念一想，起码他们都身体健康啊；觉得孤独的时候，转念一想，起码我还有两三个损友啊……烦恼谁都会有，这转念一想的本事，可是肉包姐的独家秘方。"

"你够了，不就是自我安慰、自我满足吗？"

"废话，我就是凭着这自我满足的劲儿混了这么多年的。要不然我绝对天天以泪洗面痛不欲生，早回老家随便找个工作嫁人了，你还真觉得背井离乡很好玩啊？"

"那你就没有自我安慰站不住脚的时候？不论什么事都过得了心里这道坎儿？"

她眼神突然就黯淡了："倒也不是。"

"嗯？"

傻瓜小姐的脸上突然覆盖了薄薄一层我从来没在她脸上见过的忧伤。她回忆了一会儿，然后抬起头，微微撇了撇嘴："本来都不打算跟你说的，不过我觉得已经过去了，告诉你也无妨。"

大概三年前，傻瓜小姐遇见了不靠谱先生，她在北京总部，他在上海分公司。异地了半年多，每天两三个小时的电话、越攒越厚的机票、强烈的想要在一起的决心，让傻瓜小姐辞了工作，离开了亲人朋友，义无反顾地收拾行囊奔赴上海，把自己扔进一个完全陌生的城市。

她说："这是我给他的一个惊喜。"

我隐隐有点儿不好的感觉："你确定是惊喜，不是惊吓？"

傻瓜小姐有点儿迟疑："我……不知道啊。他看到我的时候挺惊喜的，不过也埋怨我事先不跟他商量一下。我觉得这是我想给他的惊喜啊，又没让他做什么牺牲，为什么要商量呢？"没错，是傻瓜小姐的典型作风。

她的突然到来虽然让男友猝不及防，但毕竟也包裹着爱情的甜蜜外衣。男友和她一起找房子、找新工作，折腾了一个多月，终于安定下来。两个人在搬进新家的时候都希望这是一个新的开始。傻瓜小姐满世界搜《贤妻良母一百条》《如何做一个称职女友》等鸡汤文章，逐条对照，兢兢业业照做。

每天早上做爱心早餐，晚上做安神鸡汤，出门送雨伞，回家递拖鞋，傻瓜小姐把男友当成了大龄婴儿，男友对她却从一开始的心疼，到后来的无视甚至不耐烦，最后，干脆她在家里忙碌，他在外面劈腿。

也就短短三个月吧，不靠谱先生有了新欢，并提出分手。出轨这事儿还没让傻瓜小姐缓过神来，上帝又买一送一给了个赠品：不靠谱先生怀中的新欢，居然是傻瓜小姐在上海唯一的闺蜜。

傻瓜小姐很迷茫："我想不通为什么。我对他那么好，怎么还是不能留住他的心呢？"

我有点儿明白了。试着想想这个场景：早上醒来想看看爱人的睡颜，然而身边被窝凉透，厨房里是满身油烟味的她；下班回来想要好好聊聊天缓解一下压力，她却忙忙碌碌收拾屋子洗衣做饭，到嘴边的话也终究没机会说出来。他知道她做的都没错，可是，他想要的，是女孩子的娇憨可爱、女朋友的柔情似水、另一半的心意相通，并非一个勤勤恳恳的鸡妈妈。

但傻瓜小姐没有什么是可以被指责的，所以她的男友只能每天活在"说了矫情，不说憋屈"的压抑中，最后被逼做坏人，自我解脱。

我说："你问过他为什么要离开吗？"

傻瓜小姐点点头："问过，他说他想要的不是这样的感情。他说我哪儿都好，全是他不对，但他真的不能跟我在一起。你说，他是不是人渣？"

我在心里默念："Bingo。"

傻瓜小姐拿出一张字条："这是他搬家的时候留在桌子上的，我一直没扔。我经常拿出来琢磨，但总也想不透彻。"

字条上写："你给了我一车苹果，每一个都光滑饱满，是你辛辛苦苦摘下来洗好的。你不停地说你摘苹果有多辛苦多累，每一个苹果有多好吃，你对我有多好，可是，你从来都没想过，我喜欢的是梨。"

我继续默念："Bingo，bingo。"

我问："你知道他劈腿的时候，你是怎么回应他的？"

傻瓜小姐说："我难过得要死掉了。但是我很少当着他的面又哭又闹的，这样多不冷静啊。我说我会等他回心转意，不会让他为难。"

Bingo，bingo，bingo。三连中。

亲爱的傻瓜小姐总是用满腔满腹的自己去面对别人。她总是想用过分得体的言行、过分热情的方式，以及近乎悲壮的牺牲精神，塑造一个看起来无懈可击的自己。

但是，无论爱情还是友情，都需要理解和包容做底，偶尔的争吵和眼泪做调料，把两个不完美的个体磨合成一个圆满的整体。而傻瓜小姐是一个大大的正圆，规整、无棱角，不给人磨合的机会。

记得之前看过一期《康熙来了》，采访二十位年轻人：你们愿意跟小S还是蔡康永一起旅行？

贱贱的小S得了十八票。大家的回答惊人的一致：小S虽然嘴贱，人又傲慢，但是跟她在一起有很多乐趣啊。康永哥博学多才、知书达理，但他像老师，不像朋友。

这就能解释很多女孩子心中的那个疑问了：为什么我比她懂事比她好，她的人缘却永远比我好呢？

因为，我们需要的是一个自然的、无拘无束的朋友。你时刻紧绷，时刻想要展示一个金光闪闪的自己，委曲求全拼命做好人，这是取悦，不是交流。

真爱是不需要取悦的，任性是可爱，懒惰是娇憨，发脾气是率真，犯个傻都萌萌的。而如果不爱，懂事是错，理解是错，连每一次呼吸都是大错特错。

你身边有没有这样没心没肺永远笑意盈盈的傻瓜小姐？她们背负着大剂量的压力，还能保持嘴角微笑的弧度。她们不奢求、不抱怨，你给一点点的善意，她们就能贡献出满腔满腹的真诚。

伤疤不会让她们披上厚厚的铠甲，她们依然毫无遮挡地用柔软的心对待现实的凛冽，并一厢情愿地希望，在误打误撞中，获得最终的happyending。

人生那么多未知和可能，谁也无法预知她们是否可以获得happyending，只是单纯地希望傻瓜小姐可以把过量的爱放在自己身上，压力不是要你一个人扛，世界也不是要你一个人爱。

愿澄澈心灵永远不被辜负，愿生活没有背叛、欺骗，愿一切崭新而又美好。

# 生活全在作，作好作坏全由你

||||||||||||||||||||||||||||||||||||||

[ 无法预知未来，但可以活在当下 ]

昨天一个持有三级咨询师证的亲问我，考到二级咨询师证会有练手的机会吗？

我不确定对方问这个问题的想法，但我更想给对方另一个问题：如果不确定是否有练手的机会，你会去学习准备且永不放弃吗？

这两个问题最大的区别在于：前一个问题是以外界的可能性来决定自己的行动，后一个问题是用自己的行动去捕捉机会。

最近一年，我在新结识的一些朋友和个案身上看到了很多不可思议的变化，不管他们以前怎样，在他们真正实现自己的想要的成功之前，他们的思维首先已经成功转化为后一个角度去思考问题。

大多数人都喜欢告诉自己：如果我成功了，如果我有钱了，如果我知道确定的答案，我的生活该是另一番样子。如果我们生活的丰盛必须在实现这些期待后再开始，那没有实现梦想的日子该有多憋屈。

实际上，我们生活的呈现，不在于拥有多少资源，而取决于我们对待生活的态度。

当我们内心匮乏时，看什么都不够好；当我们活在不踏实里时，任何风吹草动都会误以为草木皆兵。

说到底，当我们努力用外在的充实或一个未来的想象填满自己时，经常会忽略了这辈子最应该关注的只有自己。自己变得敞亮了，生活才会上一个更高的台阶，看到更美好的风景。

## [ 不要忽略持续做一件事的力量 ]

叙事治疗师周志建说：如果现实给我一面墙，我就选择穿墙而过。

我7年前开始做心理咨询时，练手的机会几乎没有，边工作边抽时间每天钻研两个个案。后来我有一段时间觉得自己阅读量不够，开始每天看一本书，是那种有些不太好懂的专业书。

再一个个累积个案，通过这些个案的信任推荐，个案量才逐渐上升起来。后来最多每天排6个个案，再到后来的每天写一篇文章。这些走过的路，一点点在我的身后延续，也让自己随着这些轨迹走到以前看不到的地方。

我之所以能在什么都看不到的时候，没有选择放弃，是因为有前辈告诉我：不要担心没有人选择你，当你的能力能接住个案时，一切属于你的机会都会接踵而至。所以，这七年来，在最艰难的时候，我也没有特别考虑未来，只是沉下来一天天地努力。

这个过程其实不太容易，因为刚开始没有收入，没有人看着自己时，会很容易放弃坚持。从短时间看，坚持没有什么意义，可是当你成年累月地不放弃，就会带来质的变化，这就是坚持的力量。

最重要的不是我们做过什么，而是我们在持续做什么。哪怕每天只是听10分钟音乐，或者慢走半个小时，或者观赏一部电影，坚持一年都会有意想不到的收获。当你尽可能去专注投入时，最终连自己都会惊讶自己为什么会走那么远。

我以前常听人说坚持21天就可以养成一个习惯，那时候一直觉得挺难的。后来听过一个分享，真正的坚持的打怪升级是以10的N次方算的，依次往后推就是10天、100天、1000天、10000天，折算一下就是1个星期、1个月、3年、30年。

这是真正把一件事情做到极致的通道，当你真正去把做一件事情的时间拉长时，就不再觉得每天做一件事情是痛苦的，也不再急躁地想一口气折腾出个模样来。

就拿写文章来说吧！我一直承认自己不是一个好作者，因为我并不追求文辞、结构有多完美。最初开始写，是因为我希望做一件事情：通过自己的分享，可以帮助一部分人。

就一直陆续地写着，然后今年年初开始写一些优秀的书籍推荐，再后来有固定要求自己写稿发心理平台，再后来陆续有媒体和公众号跟我约稿。

再后来6月份开始尝试日更。虽然到现在也不成功，但通过坚持写，公众号从年初的1000人积累到了现在的7000人，我写一篇文章的速度也提升了3倍，也把我年初制定的全年小目标刷新了5次。

我承认自己很幸运，因为一路都在遇见支持帮助自己的人。坚持不仅在我的身上起作用，这一年来我也从一些持续咨询的个案身上，看到了脱胎换骨的变化。那些我们互动中产生的新体验和新经验，已经伴随着他们去直面眼前的挑战，站上了人生新的起点，吸引生活中想要的人和事到来。

## [ 当你每进一步，生活就会多给你一条路 ]

我人生的最开始，只想要一个有更自由的职位。为了完成自己的职业技能提升，我去学习人力资源管理，遇见了我人生的第一个心理学启蒙老师。

后来，当内心要做这个职业的声音越来越强烈时，我才突然想起我15岁时告诉过别人自己长大想当一名心理咨询师。

再后来，在完成对自己梦想追寻的路上，我阴差阳错地成了一名自由职业者，过上一种完全找不着北的颓废生活。

到现在又因为内心新的追求，又回到了每天按部就班的工作。只是这一种按部就班，已经跟以前的公司上班有很大不同。

这些年，我从自己人生经验里学到，当你敢于走上一条路时，无论如何都会有收获。

如果不是当时迈出提升自我的第一步，我可能不会走到今天这一步。这样的经历曲折却有连接，这就是命运神奇的地方。当很多人问我不确定的问题时，我总会支持他们去尝试，因为几乎所有的收获都是来自于我们敢于去做的每一次尝试。

当别人把目标放在等待机会时，我们的努力成长就是在制造机会。好比如果我们是一个猎人，我们就不会问今天有没有猎物再出门，而是每天子弹上膛，牵着猎狗出发就好了。

## [ 莫问前程凶吉，但求落幕无悔 ]

还记得最初看《武媚娘传奇》，行之将木的魏征对武媚娘说：莫问前程凶吉，但求落幕无悔！这句话给我至今留下了极深的印象，这是我钦佩的大将风范，也适合每一位真正想活出自我的普通人！

这意味着：当你内心真想做一件事时，不问结果可能会如何，不问未来将走向何方，只为了不辜负这一刻我们对自己的期许。

许多人毕生都在追求对未来确定的感觉，希望通过他人、职业、金钱带给自己更多的安全感，可是却一直生活在匮乏当中。

当每一次我面临不确定的变化时，我总喜欢问自己：内在安全和外在安全，你要哪一个？真正的内在安全感，是不管外界发生怎样的变化，永远不会放弃对自己的支持、信任和鼓励，以及对未知美好生活的向往。

当然，也有可能，不管我们怎么努力，还是觉得不如别人，还是没有想象中的好。其实，如果你是一个以别人为参照物的人，当你真正坚持往前走时，过不了多久，你就会发现能让你再内心忐忑不安的人已经很少了。

面对这个未知的世界，变化是危险的，不变也是危险的，因为我们不知道我们一直固守的位置，是否正有一枚大炮已经瞄准了我们正准备发射，这促使我们终身都走在尝试或者转型的路上。

这些年的成长带给我最大收获是：我不再惧怕变化，不再担心某一天会一无所有，也不再在意别人的眼光，不再随意把别人列为参照的对象，也极少有人能左右或者伤害到我。

所有外界的呈现，都源自于我们内心的投射。也就是我们遇见的一切，都是自己作出来的！只是看你把生活作好，还是作坏！

先整理好自己，再去见人、爱人和做事，就变得极其简单！

# 打败自己，你就赢了

||||||||||||||||||||||||||||||

　　听过一个具有传奇色彩的学长的故事，说起来那是一桩微不足道的小事。学长酷爱打魔兽，水平也很高，但他女朋友很讨厌他玩游戏。有次他正在打魔兽时女朋友叫他逛街，他目不转睛地看着屏幕说：行，三分钟就好。过了三分钟，女朋友问他好了没有，他说快了马上就好。女朋友走到他旁边，抱着他的肩说：那我看着你打好不好？他说：嗯，宝贝儿真乖。女朋友笑着说哈哈是嘛，然后趁他不备一把按掉插线板的电源。他正在全神贯注地盯着屏幕时，屏幕黑掉了，电源也断了。他登时气血上涌，抓起鼠标，——但是，并没有砸下去，他抬起手之后，就把鼠标放下了，像什么事情都没发生过一样。然后转过身说：不好意思宝贝儿，我超时了，现在就陪你去逛街。

　　他女朋友也愣住了，她原以为他至少要发发火，生生气，但他的表现就好像刚才是自己正常关机一样若无其事，甚至连一句"我靠"都没有说。后来女朋友跟别人讲起此事，这段故事就流传开了。再后来我认识了这位学长。有次一起吃饭，我问起这段事，我说：很好奇你当时为什么一点火都没发？他说：你觉得女朋友重要还是魔兽重要？我说：当然是女朋友重要。他说：那就是了，我说三分钟结束，到了三分钟还没结束，她来把电源断掉有什么错呢？既然她没错，我干吗要发火。

　　我见过好多酷爱玩游戏的人，但能做到这种地步的只此一例。有句话说：牌品即人品，或者酒品即人品，这些话实在很有道理。好多人在拿了一手好牌之后就忍不住得意忘形，溢于言表，打错一张牌就忍不住怨愤不已，甚至信口大骂。假如一个人打牌一整下午，而你从他面部表情中完全看不出他内在情绪的起伏变化，那么，这样的人就算把他放进政治局，排名应该都不会靠后，更不至于会被踢出局。

那位学长所在县城有两所高中，一高和二高。有几年学生都喜欢打羽毛球，一高羽毛球打得最好的人是Y，二高打得最好的人是L，他们都能把自己学校的其他人比下去一大截，也因此觉得自己是整个县城里羽毛球打得最好的人，不把对方放在眼里。于是就有人撮合他们俩打一场比赛。到了比赛那天，Y来到赛场，发现L居然是穿着牛仔裤和拖鞋过来打比赛的。第一局前8个球，Y打出了8：0。第8个球之后，L撑不住了，从书包里拿出短裤和运动鞋换上。换上之后，L还是打不过Y。到了第二局，Y干脆把左手插进裤兜里打。第二局自始至终，Y的左手没有离开过裤兜，而且轻松拿下了。L输得心服口服。

不过，故事到这里还没有完，三个月之后，Y骑车把右胳膊摔断了，此后就再没打过羽毛球。这里还不是结束。再后来，Y和L恰巧考进了同一所大学。L是校羽毛球队的一号选手。而Y，早已不再打球，也没有人知道他会打羽毛球。有一次，Y恰巧和羽协的同学一起吃饭，席间大家喝了不少酒，Y也喝到了眼花耳热的地步。饭桌上有人聊到L在和另一所高校的羽毛球比赛中大出风头，打到后来甚至左手插进裤兜里拿下了比赛。Y听到之后哈哈大笑，说："老子当年——"一桌人愣住来看Y，这时候，Y停住了，放下酒杯说："哎，老子当年，一斤白酒下去都没事，现在，两瓶啤的就高了。"

没错，Y就是上面那个打魔兽的学长。而我想说的是，若想了解一个人，不要看他心气平和的时候，不要看他彬彬有礼的时候，不要看他容止安详的时候；而要看他困顿窘迫的时候，看他劳碌倦怠的时候，看他寂寞伤感的时候，看他意气风发的时候，看他怨怒沸腾的时候，越是在这些时候，越容易清晰地认识这个人。

一个人最大的勇敢，不是打败、征服别人。而是打败、征服自己的意气。一个人在言辞激昂的时候，能截然打住；在意气慷慨的时候，能翕然收住；在怒气沸腾的时候，能廓然消住，这种人，不想成为传奇都不行。

# 既然选择了远方，就要勇敢前行

||||||||||||||||||||||||||||||||||||||||||||

坐高铁，车站里全是人。

第一次碰见这么大规模的列车晚点，抬头看时刻表，一列的"DELAYED"。地上一小堆一小堆地坐满了人，大多吃着泡面或快餐老实等着，也有的不耐烦地站起来，和检票口的工作人员大吵一番，好像晚点是他们的错一样。几个月前深圳因为暴雨封锁机场，几乎取消所有航班，也是这种场景，有人吵架，有人砸电脑。这总让人有收容所或者逃荒者的联想。头顶的灯光很亮，等候厅里很吵，人们脸上写满了无奈和抱怨。这就像游走在北京的夜晚，站在天桥上看灯火通明的城市，有巨大的无助感。

旅客的大包小包行李堆了一地，我拖着行李箱从其中勉强穿行，还要时不时回头看看弟弟是不是老实跟在后面。

已经开了一天的会，疲惫不堪，没想到回家也这么糟糕。本该是吹吹空调享受假期的，却一大早坐车到北京开会，和自己品牌的合伙人谈了一上午下半年的发展计划，中午赴一个拖了很久的约。下午开完新书策划会，又拿了很多本前辈的书，也没有多闲逛一下，买杯咖啡就认真看起来。

车站里有一对跟我年龄相仿的欧洲情侣，他们可能还没习惯席地而坐这么直接的行为，所以干脆干巴巴地站在那里，此情此景下他们显得多余而突兀。那是我第一次从别人眼里看到这么无助的东西，女孩儿挽着男孩儿的胳膊，一副很安静的样子。

带着侥幸心理，我又看了一眼大屏幕，依然是"DELAYED"。

"哥，我饿了，还要多久啊？"

小豪终于不摆弄手机了，摘下耳机，一副好像刚知道列车晚点的样子。不过他总是在最恰当的时刻让我做出最明智的选择。

几分钟后，我带弟弟找到一家餐厅坐下来吃饭。这时候手机已经没电了，包也被书压得很沉，突然我问自己，这究竟是怎样的一天？为什么我在过这样的生活？

每天刷朋友圈，总是看见朋友去旅行了，或者睡了十几个小时。而我总是苦逼地在凌晨两三点钟的时候更新写作状态，睡几个小时之后，早早地爬起来给别人点个赞。每次占上前排，都觉得心里特踏实。

人生在于折腾，我一直信奉这句话。

我是一个特别能折腾的人，好像无论什么时候，都有无限的精力。我总觉得只要忙着，人生就没有被浪费。我承认，20岁是一个非常尴尬的年纪，你常常觉得自己不是小孩子了，要干一番大事业，但是在那些比你大的人眼里，你又只是一个小孩子；你常常觉得年轻就不怕失败，却发现离成功总有那么一小段距离；你羡慕那些活得光鲜的人，于是给自己很多相似的假设和计划，却发现刚实施起来就举步维艰。我们总是在幻想和犹豫中不经意否定自己，然后灰心失落，垂头丧气。但是你要知道，这是最好的年纪，羡慕他人不如自己去闯，做了梦就要自己去努力，人生已经没有更好的路可走，何不以行动化解紧张忧虑。我的启蒙老师常说，年轻人就该多折腾折腾，不管你多普通、多平凡，都该在这个最美好的时候，保持渴望和战斗力。

开始的时候，我还强硬地要求对方必须按合同履行职责，后来做了退步，答应了对方更多的条件，最后几近恳求了。然而赞助商的每一个电话都是一样的答复："非常抱歉，实在没有办法。"在那种情况下，根本耗不起时间打官司。

所以结果就是——没有结果。起码在那个时候，一哭二闹是没有意义的。

没有一个好消息，巨大的压力让我迅速消瘦，没心情打理自己，没时间剪头发，胡楂儿疯长，我觉得一切糟糕透顶。那时候经常做梦，在一条看不到尽头的公路上，我慌张地四处张望，后面是废墟，前面是看不到光明的隧道，身边弥漫的，是快让人窒息的漫漫黄沙。

要不，放弃吧。承认自己无能又怎样？

不止一次，在四号线、十号线、十三号线奔波的路上，我会产生这样的念头。

进门之后，我豁然开朗。看着棚里还算专业的设备，我的眼睛亮了，恭恭敬敬地递上自己的名片，然后尽可能诚恳地请求对方赞助一些设备。经理听了我的情况后，说他要和其他人商量一下，给我一个最低的报价，然后就径直走进里屋，再也没出来。我记得那天我等了很久，最后一个实习生拿了一张纸给我，背面是不相关的文字，正面是全英文的设备介绍，还有很昂贵的价格。她说老板什么都没有交代。攥着那张纸，我都不知道自己是怎么走出胡同的。

那几天去过最远的地方，要坐两个小时的地铁，然后坐半小时的公交，再走十几分钟的路。我还记得到公司楼下我买了一瓶冰冻的水，咕咚咕咚喝完，喉咙都僵住了。

我一直觉得，特别口号化的东西都是唬人的，但对"年轻就不要服输"这一句，却再认同不过了。那些几近崩溃的日子，那些睁开眼就觉得人生真难的日子，那些让眼眸变暗、让脚步变沉的日子，终于过去了。我所有的努力和执着，都在那一句"我没输"里得到了最好的印证。

正是因为那段经历，日后无论处于什么样的窘境，我都会告诉自己，一定会有办法，也一定会有出路的。人都是这样，吃过亏之后才发现自己成长了，忍受过痛苦之后才发现自己变得更坚强了。

所以，永远不要以为走投无路了，你只要足够坚定，运气会眷顾你；永远不要轻易放弃，或许再坚持一下，这个坎儿就跨过去了；永远不要活得太安逸，因为你不知道别人有多努力，没有人会轻易放弃。

"尊敬的旅客您好，北京南开往……"

终于要开始检票了，同一班车的乘客高兴得眼睛变得清亮，他们笑的时候，好像拥抱了全世界。

我常常想，在这车站里，每天来来往往的人那么多，他们是这个世界上最幸福的家伙，因为在这里，每一个人都在靠近自己的目的地。

起码是离得近了一些。

嗯，火车晚点，也有开的那一刻，一旦启程，我们都是在朝着自己的目标迈进。

会越来越近的，不是吗？

# 人家才没有时间听你诉苦

||||||||||||||||||||||||||||||||||||||||

记得刚到北京的时候，人生地不熟的，一切都让我感到不安和迷茫，我很想找个人诉说一下，于是每天都在朋友圈刷屏，诉说着自己的近况。

其实大部分也都是一些琐碎的小事情，比如今天连着过去五趟地铁都没能挤上去最终迟到了、这个月工资又不够花、在单位因为自己不懂无意中闹了个笑话……当时的状态也确实很差，每天都焦虑不安，只有不断地在朋友圈中说话，才能稍微缓解一下自己的不安。

刚开始还有朋友们关心几句，后来大家已经习惯了，渐渐回应的人越来越少。

有一次情绪特别低落，就在朋友圈发了一条信息，大意就是说自己此时此刻心情很糟糕什么的。

很多人一刷朋友圈、微博、豆瓣，发现到处都是在晒幸福、晒吃、晒美照……总而言之，大家看起来都过得很好。于是心里就会产生一种落差感，觉得只有自己才是过得最苦逼的那一个。然而事实却并非如此，大家过得都不容易，没有人的成功是来得理所当然。也并不是只有你一个人感受到艰难，只不过只有你一个人说出来而已。

有一次在微信上聊天，我终于忍不住问她，北漂这几年，难道你就没有遇到什么困难，或者感到迷茫的时候吗？

她说，当然会有啊，怎么可能没有呢，只是无论多难都不会说出来，一个人默默承受罢了。你说出来给谁看呢？谁会在意呢？有什么用呢？无非是让大家看到你不堪的那一面，既然没有用那么我为何说出来呢？而且悲伤的情绪是会渲染和蔓延的，当你觉得自己特别苦逼的时候，千万别找人诉苦，而应该告诉自己，我很快乐，努力让自己笑起来，哪怕是皮笑肉不笑。只要肌肉牵动嘴角咧开来笑一笑，那你的情绪就会变得好一点。我每次感到难过的时候就会发一些自己特别快乐的状态，并非是给别人看，而是给自己看。

从那以后，我也开始学习她的方法，每当遇到困难的时候，不再去抱怨，而是让自己笑起来。当我觉得情绪低落，想在朋友圈抱怨的时候，就会想起她的话来，然后默默地把那些负能量的句子删掉，换上一张阳光灿烂的照片，配上轻松快乐的话发出去。

过了一段时间以后，我发现我的心态真的发生了改变，在遇到任何事情的时候不会再轻易去抱怨，而是默默去做好。即使实在觉得难过，也不会说出来，自己一个人静静就好。

当你在抱怨的时候，有的人正在暗暗努力，他们所承受的压力，一点都不会比你少，直到有一天等你猛然惊醒的时候才发现他们已经远远跑在了你的前面。

那些看上去光鲜亮丽的人，只是善于把自己苦逼的一面隐藏起来。你只看到了别人拿着高薪，动不动就来一场说走就走的旅行，穿着名牌出入高档餐厅，但你看不到他们加班到第二天的早上，走出单位大门吃个早饭回家对付几个小时还得回来上班。

有个做广告的朋友跟我说，有一天他难得没有加班，下班后走在大街上觉得特别别扭，不知道有什么地方不对劲，想了很久才明白，原来是因为天还亮着。

朋友说到这些的时候一脸轻松，丝毫没有表现出来觉得自己有多苦逼，或者觉得有自己有多努力什么的，感觉这就是生活正常的样子。

而据我所知，这位朋友每天在加班结束以后，还要坚持写作，开着一个美食专栏，已经跟出版社签了两本书出版合同，其中一本书已经顺利交稿，正在等待出版中。

不只如此，他的生活也并没有因此而变得暗无天日，经常能够看到他在朋友圈晒出自己做的那些卖相精致让人看一眼就食指大动的美食，隔一段时间，就能看到他正在某个地方旅行的照片。

坦白说，这要是换了我在如此繁重的工作状态下，根本不能像他这样把生活过得充实而富有色彩。而对他来说，这只不过是最平常不过的事情。

似乎大家无形中都形成了这样的共识，只在人前展现自己最好的那一面。这并不是虚伪，只是因为别人没有义务去承担你的那些负面情绪，自己的生活本来已经够艰难的了，没精力也没兴趣给另一个人排忧解难，答疑解惑。而且这也是基本的礼貌，没有人愿意每天都接触一个浑身充满负能量，不停地絮絮叨叨自己生活有多差劲和有多不幸的人。谁也没有心情去对别人的生活境遇表达自己廉价的同情，而且那些热衷传播负能量的人真的很讨厌。

另外很重要的一点是，你向别人展示自己是什么样子，你在别人眼里就是什么样子，久而久之，你自己也会真的变成那个样子的人。

每天抱怨工作有多不顺当的人，会让人觉得你工作能力很差，抱怨自己生活有多糟糕的人，别人会觉得你是一个很糟糕的人；而如果你向别人展示的是你工作精明能干，生活丰富多彩的一面，别人自然会觉得你是一个有能力、有趣味的人。

自己也会被自己的情绪感染，经常抱怨的人，就会陷入事事不顺的泥沼之中，经常展示自己美好一面的人，自然会养成自信的气场，做事越来越顺。

大家都是成年人了，一切自身的行为都应该自己来负责。没有什么人有义务随时随刻做你的保姆和心理辅导员。有些事只能自己默默扛着，没有任何人可以代替。收起那些顾影自怜和自怨自艾，活在当下，不断地向前看，才能在这个残酷的世界生存下去。

趁着一切都来得及，停止抱怨，做一个独立自强的人，成就全新的自己吧。

# 每件事都有
# 它的 AB 面

无论何时，

无论生活多么糟糕，

请微笑着仰望星空。

这是你继续前行的力量，

也是对美好未来的召唤。

# 不妥协，你就赢了

||||||||||||||||||||||||||

那一年，我刚来北京，租住在西郊一座嘈杂的四合院里。

我在一家礼品公司上班，具体工作是抱着厚厚一本黄页电话本给各个单位打电话："请问你们这里需要礼品吗？"

一天到晚打电话打得我口干舌燥，耳朵痛头痛，换来的报酬不过是每月底薪600元加提成。600元，除去每月240元的房租和车费、饭费，实在是剩不下什么了。

物质生活上的苦，没什么大不了，真正让我受不了的是内心的孤寂和无助——这城市茫茫，我是谁？我的道路在何方？我的未来在哪里？

那会儿，我总是做一个同样的梦，梦见自己正在参加数学考试，看看这道题不会，看看那道题还不会……又急又慌，总是一身冷汗地惊醒过来，往往还没有回过神儿，就听见房东的儿子在敲我的窗子："晴川，起床了吗？上班了！"

房东的儿子姓王，在家排行老二，人们都叫他"王二"。王二在派出所工作，每天骑着一辆白色的大摩托去上班。一天，他突然对我说："晴川，你上班的地方是不是在翠微路？正好和我同路，我可以顺便带你。"

一听有顺风车可以坐，自然高兴。可是我慢慢发现事情并不是这样的——首先王二的单位和我上班的地方是相反方向；其次他每天变着花样儿给我买早点，再悄悄放进我的包里；还有就是他看我时，那温情脉脉的眼神……

我并不愚钝，知道当一个男孩子这样待你，肯定是对你有些意思的，可是这丝毫不能让我高兴——两情才能相悦，单方面的爱，总不能令人快乐。

　　我干了3个月，一笔业务也没谈成，没等老板开口，我先将自己给炒了。那一年北京的夏天持续高温，我顶着大太阳在偌大的城市里四处奔波着找工作。

　　钱越来越少，我开始琢磨可以向谁借钱，想到了勇。勇是我在礼品公司的同事，平日里对我很是殷勤。我打电话给勇，他一听是我果然很高兴，可是等我远兜远转说出借钱的目的后，他嗫嚅起来，结结巴巴地顾左右而言他……看着别人这般为难我更加不好意思，赶紧说："没关系的。"

　　我又想到了莉。莉是我刚来北京找工作时认识的朋友，也算患难之交。我向莉一说，她的爽快让我喜出望外："明天晚上你来我家拿钱吧！我等你！"第二天晚上我准时来到莉的家，敲门，她却不在。我等了一会儿，她也没回来，我连忙逃也似的离开了……

　　我独自走在华灯初上的街头，像一个无家可归的游魂，那么多的楼房那么多扇亮着灯光的窗子啊，为什么就没有一扇是属于我的呢？

　　晚上8点多了，回家的公交车还是挤得吓人，我拼命挤上去又被更为拼命地人挤下来，索性一屁股坐在马路牙子上，眼睛里面一阵阵发热，却哭不出来。

　　我想到了王二。是的，他是一个好人，然而我心里那么清楚地明白：这个人，不是我想要的，我不可能爱上他。可是我也知道，如果我和他好，最起码可以不用再为生存发愁——这对于当时的我是多么的重要！

　　那一天我回到家已快10点了，王二站在院门口等我，一见我就说："怎么这么晚才回来？今天是你的生日呢！我给你买了一个大蛋糕！"今天是我的生日吗？我自己早已忘记了。

邻居们都在兴高采烈地等我，院子当中的石桌上放着蛋糕、啤酒、烤羊肉串，还有西瓜。都是些萍水相逢的人，但是平日里我们相处得不错。大家一起为我唱生日快乐歌，一张张亲切的笑脸，还有那歌声，让我的心变得柔软，脆弱乘虚而来。我很想哭，只能大杯大杯地灌啤酒，以堵住喉头涌上来的一阵又一阵的哽咽……

王二一直默默地注视着我，替我喝掉大家敬来的酒，借着酒意我也看着他，我想：什么理想什么爱情，那都是些太过虚幻的童话吧？而眼前的这个人，这个人待我的好，是真实的可以握住的，我为什么不能接受他呢？

吃蛋糕时，大家纷纷将奶油往我的脸上、身上乱涂，我疯笑着，去房间里洗脸。王二不知什么时候跟了进来，关切地问："你没事儿吧？"我抬起脸，看着镜子中的自己，而他就站在我的身后，我只要往后轻轻一靠，就会落在一个真实的温暖的怀抱中……

我闭上眼睛，感觉自己的身体正在慢慢往后靠，感觉到王二的手臂伸了过来，就在他要环抱住我的那一瞬间，我大叫起来："不要！"这声音如此尖锐，几乎将自己吓了一跳。我睁开眼睛，发现自己好端端地站着，而王二一脸的诧异："怎么了？"哦，刚才，那是我的幻觉吗？我迅速笑了："没什么，我们去喝酒吧！"

第二天，我将自己的寻呼机卖了100块钱，就靠这100块钱，我生活了将近一个月，并最终找到了一份工作。

在来北京6年之后的今天，我在这个城市拥有了我想要的一切：一份自己喜欢的职业、一份平实幸福的爱情、一种富有精神内涵的生活。常常，我会想起那个生日的夜晚，当初究竟是什么力量，支撑着我走过那个脆弱的关口？我想那力量，一定是来源于我内心深处对于自我对于生活不肯妥协的要求；如果那个晚上，我倒在了那个我并不爱的人的怀里，结果会是怎样？我想我会成为他的妻子，过上一种衣食无忧的生活，然后在那种生活里我却一天天枯萎……

　　我们每一个人，以血肉之躯辗转在这纷纷扰扰变幻莫测的世上，总会遭遇许多脆弱的时刻，在那些脆弱的关口，咬咬牙，一定要挺住，并且坚信：所有我们想要的东西，总会在某一个不期然的时刻与我们相逢。到那时，你会惊喜地欢呼："是的！我要的就是这个，就在这里啊！"

　　然后，请上前将它牢牢抓住——你有这个资格。

# 生活不给你微笑，你就笑给它看

||||||||||||||||||||||||||||||||||||||||||||||

## [ 1 ]

父母有一个朋友，我们称呼她柳姨。因为父亲是柳姨儿子的救命恩人，所以我们两家的关系更为特殊，像亲戚一样保持着有节奏的来往。

柳姨年轻的时候，嫁得很好。丈夫英俊潇洒，头脑灵活，生意做得风生水起。

柳姨在家相夫教子，不曾出去工作，也很少过问丈夫的生意，一心一意地做贤内助。

小城的人们对柳姨是艳羡的，这是几辈子修来的福啊。

柳姨每次来家里，脸上都是带着恬淡的微笑，从来都没看过她愁容满面。

所以，我对柳姨也是羡慕的。即便是当时的我，尚处在无忧无虑的年龄，也有很多忧愁的事情。作业永远写不完，假期永远不够玩。

后来听家人说，柳姨的丈夫跑了，带着一个女人远走高飞了。

柳姨的丈夫卷走了家里所有的钱，厂子里值钱的设备也被他偷偷卖掉了。

孩子还小，柳姨没有工作，手里只剩下厂里的一堆破铜烂铁，以及丈夫做生意时赊的原材料等一堆外债。

## [2]

在小城里，这种事情自带一双翅膀，很快就传遍了大街小巷。

人们之前对柳姨有多羡慕，现在就有多幸灾乐祸。

尤其是，柳姨被一个男人以这么决绝的方式甩了。

在小城人眼里，这本就是一个女人难以翻身的耻辱。

没有人知道那个女人到底比柳姨好在哪里，但是大家却认定，柳姨是有多差劲才会被甩。

再看到柳姨的时候，我拿着作业本偷偷躲在一边观察。

虽然当时年龄小，对大人的事情似懂非懂，但是我也隐约意识到，柳姨不再像以前那样衣食无忧了。

年纪小小的我，对柳姨生出了几分心疼。

可是，柳姨的脸上还是带着一如从前的恬淡笑容。

我父母心疼她，关心她，但是终究没主动开口。

还是柳姨自己淡然地开了口，说："走了就走了，不是自己的留也留不住。"依然是带着微笑的脸，就像从前衣食无忧时那般。

为了解决自己和儿子的生活问题，为了不让催债的人围堵家门口，柳姨跟亲戚借了一大笔钱，重新整顿了下前夫留下的厂子。

她自己也学起了手艺，省下一个工人的工钱。她不曾干过粗活的手上，迅速地起了一层厚厚的茧子。

没有人知道，柳姨在安静的夜里流了多少泪，犯了多少愁。可是，只要天一亮，她脸上的微笑就又回来了。

## [3]

人们都说，爱笑的人，运气不会太差。

慢慢地，柳姨的生意居然做得像模像样起来。

一点一点地还上了前夫留下的债务，她和儿子的生活也渐渐没之前那么困难了。

但是，她中间也曾摔了一个大跟头，被一个老客户骗了一笔钱走。报了案之后，事情并无眉目。

再见她时，她依然面带微笑，淡然地说："钱没了就没了，财去人安乐。"

一个人辛辛苦苦撑了那么多年，终于盼到她儿子大学毕业，她松了口气，不用一个人扛着了。

可是，从小温顺听话的儿子，在外面爱上了一个不该爱的人，居然变得有些莫名其妙的叛逆。

老公跑了，钱没了，被嘲笑，被骗，她都没把忧愁写在脸上。我想，这次她该难过了，毕竟是相依为命的儿子伤了她的心。

可是看到她时，她还是面带微笑，说："儿子从小一直很懂事，这叛逆期来得有点晚。叛逆期过去就好了。"

柳姨的儿子终究是清醒了过来给她娶了一个很孝顺的儿媳妇。

这几年，她放下外面的生意，交给儿子打理，说自己该享享清福了。

## [4]

据说去年，她前夫曾回来过，混得很落魄，私底下找自己的儿子要钱。

她儿子心软，但是又怕母亲生气，偷偷给了父亲一笔钱。

有人跟她"通风报信"，她微笑着说："给就给了，毕竟是他爸。儿子是个好儿子，孝顺。"

其实，她何尝不是早就知道了，只不过睁一只眼闭一只眼而已。

过往的恩怨，她不曾留在心底，所以并未生出仇恨的根。

小时候，我只是看到这样一直微笑的柳姨，就觉得她是个传奇。

长大了，我回顾她过往人生的那些片断，更觉得她是个传奇。

她人生的每一次跌倒，我都觉得胆战心惊。

可是回想起她的每一个微笑，我的内心却也跟着变得云淡风轻起来。

有些人就是这样，她成功或者落魄，你都会觉得她是一个无法逾越的传奇。

她一直挂在嘴边处变不惊的微笑，就足以让你觉得无比耀眼。

[5]

确实，生活有时很糟糕，但是在糟糕面前保持一如既往的微笑，是一种能力，也是一种魅力。

这种能力，并不是每个人都具备，但每个人的生活都藏匿着一塌糊涂的糟糕。

若静下心来，仔细想想，生活真是糟糕透了。那些糟糕的事情，我们用一辈子的时光都难以倾诉完。

拥挤的路况，似乎从来不曾好转，上下班的那条路永远那么堵。

世界上最远的距离不是你在天涯我在海角。而是，你在五环，我也在五环。

房价跟物价涨得飞快，工资却停滞不前，让人觉得工作跟失业也差不了多少。

偌大的城市，似乎永远缺自己落脚的一平方米。

雾霾一直都不曾有大的好转。灰蒙蒙的空气，总是轻而易举就吞噬了眼前那点光亮，让人觉得前途和空气一样瞬间变得暗淡。

即使生活本身，就自带了诸如此类的糟糕和不堪。更别提，每个人自身经历中，那些糟糕得让你觉得透不过气来的情节。

[ 6 ]

王尔德说："我们都生活在阴沟里，但依然有人仰望星空。"

每个人的生活，都有着不为人知的糟糕。

但是，将我们从糟糕和不堪里区分出来的，就是那面带微笑"仰望星空"的与众不同，始终带着对过去坦然的接纳和原谅，对未来热切的仰望和憧憬。

保持微笑，是庆幸和感恩。无论生活多糟糕，感谢我们还有继续体验生活的机会。

你也许永远不会知道，你堵在这个路口狂躁不安，而有人却躺在下一个路口的血泊中。

你也许不会知道，你在租住的温馨小屋里抱怨房价，而有人终日风餐露宿，在对明天的期待中沉沉睡去，却再也看不到天亮。

保持微笑，是镇静和随遇而安。无论生活多么不堪，始终不慌乱了手脚，保持着随遇而安的镇静。

普希金曾说过：

假如生活欺骗了你，不要悲伤，不要心急，忧郁的日子里需要镇静。

面对糟糕的生活，你脸上那么淡然的微笑，就是一股无言的镇静。

生活不给你微笑，你就笑给它看。总有一天，你会守得云开见月明。

假如那一天姗姗来迟，那抹微笑也是你最好最温暖的朋友，让转机来临之前的每一天都多一分朝气和蓬勃。何况，那过去了的，终将成为亲切的怀恋。

所以，无论何时，无论生活多么糟糕，请微笑着仰望星空。这是你继续前行的力量，也是对美好未来的召唤。

# 谁不曾孤单，谁不曾继续行走

人生，犹如一场旅行，有些人会陪你走过大半旅程，但他们终会与你走上不同的岔路。说到底，人生还是一场一个人的旅行，总有一些路，你得一个人走；总有一些滋味，你得亲自品尝，无人可替代，无人可陪伴。

出国前的那一年，日子苦闷无比。

午夜时分，她发信息给挚友："一盏孤灯，一本厚书，怀揣的是什么？只有梦想。"

周围安安静静，通宵自习室里的人寥寥无几，有人趴桌子上睡着了，有人看电影看得入神，有人跟恋人一起静静发呆。她手里拿的GRE的红宝书，枯燥零散的单词，像一个个被施了魔法的家伙，"消灭"了不久之后，又自动"复活"，她就在背了忘、忘了背的循环中，看每天的日出与日落。

几曾何时，她还想着有人与自己并肩作战，在相互扶持和鼓励之下，会走得更快、更稳，待到成功时，一起举杯庆贺，把酒言欢。室友中间也有人要考研，只是愿望不那么强烈，更多的像是要逃避现实的压力，希望晚几年再去工作。若真的考不上，也就算了。

有时，人一旦有了退路，往往就不会全力以赴。所以，此刻的她在通宵自习室，室友却在宿舍里蒙头而眠。也许，通往梦想的路注定是孤独的，但这是自己选择的，自己想走的，就注定要忍受孤独和寂寞，吞咽所有的苦楚。

出国后的第一个月，孤独而无助。

陌生的环境，陌生的人群，明明都认识却怎么也看不顺眼的路标，游走在异国他乡里的土地上，前所未有的孤独感萦绕在心间。她说，自己向来都是一个怀旧的人，需要用很长的时间才能从过去走出来，熟悉并爱上新的环境。

现实给不了她那么多时间，不管适应与否，都在强迫着你融入。你得熟悉附近的环境，知道搭乘什么车到商场，独自去银行办理业务……她多么渴望有一个熟悉的身影出现，带领着自己去做这一切，可是真的没有，所有的期待和幻想不过是在消磨时间，该做的事总得做，硬着头皮也得去做。

留学生涯最初的那段日子，她再一次体会到了，有些路，真的只能一个人走。你不能寄托希望于任何人，你可以去他人身上找寻经验，可最终要去做那件事的人，始终还是自己。也好，当没有什么人可以依靠的时候，就真的懂得了独立，而在学会独立的过程中，也恰恰是生命成长得最快的时光。

间隔年的那场旅行，依旧无人陪伴。

研究生毕业了，她想来一场欧洲游，原本有校友约好同行，谁知对方在临出发前却变了卦。去不去？这是存在她心头的疑问：如果去，就要一个人到陌生的国家和城市，独自面对所有，肯定会有未知和恐惧；如果不去，就买机票准备回国，不知道何时才能够再有这样的机会。带着不甘和遗憾离开这片土地吗？她反复问自己，答案只有一个：不！

背上背包，按照既定的路线，她出发了：时尚与浪漫共存的巴黎；历尽沧桑的罗马城；如同上帝的眼泪一般的威尼斯；繁华背后的纯情古城米兰；徐志摩笔下的"翡冷翠"之城佛罗伦萨；适合流浪的布拉格……所见所闻，给了她视野上的超级享受，同时也让心灵品尝了一顿饕餮之宴。

沿途，她碰到过许多热心的人，也见识过许多不懂当地语言却在异国他乡生存下来的人们，这一切帮她冲破了内心的恐惧。归来后，她自豪地说："我想，今后不管让我一个人去什么地方，我都不会害怕了。"

川端康成说："我独自一个人时，我是快乐的。因为我可以孤独着；与人相处时，我发现我是孤独的，只因为我已经变得很快乐！"

当一个人走过一条陌生的路，看过陌生的风景，在行走中找寻到那个强大的自己时，他就不会再畏惧生活。这段路无人陪伴，却能体验到精神世界的富足，可以借助一个人的时光来感悟生活，感悟生命。

一个人未必孤独，两个人未必不孤独。人生之旅，能够找到一路携手的人固然是幸事，可有些时候，有些路注定只能一个人走，有些心情只能一个人感受。孤独既可让人变得脆弱，也可以让人变得坚强。

当你在追逐梦想的路上感到孤独时，不要害怕，那是你在勇敢地面对生活，面对现实，对生活认可的时候。忍住了孤独，就是又向想要的生活迈进了一步。

# 并不是每一个目标都要达成

||||||||||||||||||||||||||||||||||||||||

第一次高考，我报的是南开大学，这是我高中时代最神往的高等学府。可惜，我的分数还是差了很多，名落孙山是再自然不过了。无奈之下，我选择了复读，那年的成绩，我略有起色，在班级里也考过好几次前三名，用老师的话说，"如果发挥好的话，能上一个不错的学校"，我也踌躇满志，又选择了那所大学。

当小学教师的父亲对于我第一年报考南开倒是没有什么意见，但听说我复读一年后，还要再报时，专门找我谈心，无论如何也要我报一所省内的重点大学。我坚决不从，记得填报志愿的头天晚上，父亲百般劝阻，和我争执着，声音都嘶哑了。

世界上很多的事情，只要你努力，总会有成功的希望和可能，这是在学校老师一直给我灌输的道理，也是我多年来笃信的座右铭。父亲和我，谁也没有说服谁，最后，作为妥协，第一志愿还是按照我的意愿来报的，不过，在第二志愿上，我遵从父亲的意思，报了一所省内的二流学校。

可惜，事与愿违，当分数单落到我手里时，我明白，我离自己的目标确实还有不小的差距。

那晚，心情糟糕透顶的我关在屋子里喝了平生以来的第一次闷酒。在家里，浑浑噩噩度过一周后，我的心情略微好转了一点，趁着家里人在一起吃饭的时候，我对父亲说："我还要去复读，事不过三，我就不相信我考不上。"

父亲突然惊了一下，夹菜的筷子抖了抖，想说什么，嗫嚅着，又欲言又止了。

学校的复读班还不到开学的时候，家乡的八月，太阳无情地炙烤着大地，气温高得吓人。父亲喊上叔叔，又招呼我说："咱们下河洗澡去吧。"

流经我们村的一条河流，在村东头形成了一个巨大的湖泊，最窄的地方也有五百米，宽处则有数千米。父亲游泳的本领一般，但叔叔却是戏水的高手，他能从湖泊最宽的地方轻松游个来回，村里谁也比不上。

父亲说："来，和你叔叔比一下，你从最窄处游，你叔叔从最宽处游，看谁先到达。"我一听就不愿意了，对父亲说："你明明知道我水性一般，还让我和叔叔比试。"

父亲突然很严肃地说："要是让你练习个半年一年的，你能超过你叔叔吗？"

我不假思索地回答："肯定超不过的，不要说像叔叔那样横渡湖泊了，就是旁边放条小船，让我慢慢蹚过去，我估计也难以完成。"

父亲走过来，坐到我的身边，认真地说："是啊，孩子。说的就是这个道理，人生中总有一些河流你是蹚不过的。游泳好的人很多，但不是所有的人都可以横渡长江；能登上高山的人很多，但不是所有的人都能攀越珠峰。人生中的很多目标，即使努力，也未必能如期完成，孩子，我们难道不能降低一些目标，等完成这个低目标后，再去追逐那个较高的目标吗？"

我望着宽窄不一的湖面，思索着父亲刚才说的话，心里的某根弦被重重地触动了一下。原来父亲约我出来游泳就是给我讲这个道理啊。我问父亲："那你第一年为什么不给我讲这个道理呢？"

父亲微微一笑说："心中的目标，你总要去尝试过以后才知道远近和难易，既然已经试过了，就可以安排自己的目标和方法。还好，你的分数上第二志愿是绰绰有余的。"

那年九月，我没有再次复读，而是来到省城的大学读书。如今，我毕业多年，年少时候的激情和狂妄洗刷不少，人生的练达和智慧增进许多，无论是考试还是工作，当许多目标摆在面前，我会认真地衡量自己，做出妥善的选择。就像父亲说的那样，人生中，总有一些你蹚不过的河流，但完全可以降低目标，等完成这个低目标后，再去追逐那个较高的目标。

# 生命中虽然有困难，但绝对不要轻言放弃

|||||||||||||||||||||||||||||||||||||||||||||||||||||||

人生最大的幸福是什么？是成就感、荣誉感和幸福感。所以，如果一个人没有幸福感，他的生命就不值一提。有能力把自己从生命的痛苦中拎出来很重要，我们这样的人是有这样的能力的。生命中遇到困难、困苦时，我们要能通过自己的心态、努力、阳光把自己拎出来。很多人自己拎不出来，最后就精神失常了。

而一个人要具备把自己拎出来的能力，从平庸走向优秀，我觉得有几个要素是特别重要的。

第一个要素是做人一定要谦卑。谦虚、谦卑不等于低下，也不等于没有决策能力。我最怕的就是做事狂妄、骄傲、不靠谱的那种人，没有丝毫谦虚精神，总是自以为是的人。在新东方，高级管理干部中如果有自以为是的人，我会立刻产生不喜欢他的心理。你再有才华，再能干，都不行。除非你是一个独立知识分子，那你可以狂妄。我允许独立知识分子狂妄，而且北大那些狂妄的独立知识分子、教授我还挺喜欢的。为什么呢？他是独立思想者，可以狂妄。但你作为一个管理者，作为一个领导人，不能狂妄。

第二个要素是人格高尚。人格要高尚，这我们都知道，但是你要过大家这个槛，大家想到你这个人的时候，认为你这个人不具备危险性，这就是一个槛。如果大家认为你是背后喜欢琢磨事的、喜欢整人的，或者斤斤计较的，或者自私自利的人，这基本上说明你没过这个槛。

第三个要素是生活可以贫穷，但一定要自强不息。一个人的自强体现在什么地方？体现在对未来生活的一种向往上，而不是体现在具体目的上。因为一个具体目的的达成可能不是自强，自强是一个绝对的褒义词。

自强不一定有一个具体的目的，而是面向未来的时候，希望自己的生命不断变得伟大和充实，这就是自强。所以，自强的人不一定要有具体的目标。我觉得我在这方面还是做得挺不错的。我从很小的时候就想着自己的生命要不断变得充实，变得有内涵。所以，进北大不是我的志向，做新东方也不是我的志向，但是因为我有那种感觉，就做成了。

我曾跟柳传志聊天，他问我以后还想干什么。我想了一下，我的人生前面有了三个阶段，18年成长，11年在北大求学和工作，做新东方做了25年，这是我人生到现在为止做的事情。往后是不是还有一件要做的事情呢？有。我这辈子肯定是离不开新东方了，但是我可以只做新东方的灵魂人物，新东方精神层面的人物。

我觉得我的生命现在在第四个阶段，是读书以及周游列国的阶段。

我一直希望我的生命还有另外一个阶段，就是像弘一法师一样把一辈子当两辈子来过，但是估计我这辈子达不到了。弘一法师前半辈子滚滚红尘，后半辈子是红尘之上。但是估计我做不到，因为我是个好色、好食、好酒之徒，如果让我远离这些，我的生命也没有意义了。

周游列国，写游记、读书是可以的，我也不希望自己能达到弘一法师那样的状态，我觉得他是千年一出的圣人，跟我们这种普通老百姓没有关系。但是，如果现在让我在新东方做一些事务性的工作，最后就死在上面，我会觉得这辈子过得挺遗憾的。因为等于劳累了一辈子，尽管有些生活感悟，但是没有一段让自己的生命更加宽阔的时间。行走世界这样的事情，我觉得也是一种自强。

生活贫穷与否不重要，我认识的很多知识分子生活过得很清贫，但我觉得他们过着很好的生活，因为他们的思想丰富，不在乎现实生活的缺欠。

第四个要素是自我实现，千万不要忘记他人。这里包含两个概念：一是需要自我实现；二是自我实现需要自我奋斗。自我实现一定有一个前提条件，比如从考北大到现在做新东方，我一直在自我实现，但是这个自我实现是和别人一起完成的。新东方一直都是我自我实现的体现。

我在一部领导学的著作中看到过两句话，就是麦克斯维尔的《领导力21法则》中所说的，当你想把人按下去的时候，你自己一定要弯腰；当你把人托上去的时候，你一定会把自己变得更高。所以，领导学唯一的原则是怎样把人托得更高，自己也同时变得更高，而不是想办法把别人按下去。

在生命和工作中，任何消极的思考都是给你带来最大杀伤力的，通常是杀人一万，自损八千，甚至最后可能自损一万二。工作出了问题先找下属承担责任，感情出了问题先想对方错在什么地方，全是消极因素，就是negative。我是比较相信积极心理学的，当一个人的人生心态积极向上时，聚集在他周围的全是积极的人，他做起事来必然会容易得多。

为什么说自我实现不要忘记他人呢？你忘记他人的时候，自我实现有可能是以他人的利益损害为前提来实现你的自我的，这一点特别重要。你自我实现的时候，要把别人一起带过来。所以到现在为止，我觉得我做得最骄傲的一件事情就是把新东方的一批人带起来了。

即使变成新东方对手的人，我也认为新东方并没有忘记这些人。更何况出去的一批新东方的元老，现在都在做投资，做自己的事业。并不是每个人都需要去创业，我们可以在同一个团队中一起把这件事做大；并不是每个人都要做鸡头，我们很多人可以变成大象的一部分，最后走向世界。我要是从一开始就想踩着别人往前走的话，新东方现在肯定还是一个小小的个体户。总之，当你做一件事情时，要时时刻刻想着别人在哪里。

生命中虽然有困难，但绝对不要轻言放弃。坚忍不拔是任何一个成功的人必须具备的素质。很多人都认为到了一定阶段，生命就没有困难了。但我发现一个人的一辈子是苦难、困难、挫折绵延不绝，不断增加的过程，而不是不断减少的过程。你做的事情越多，这些东西就越多。几乎没有生命中没有困苦的人，即便有，这些人的生命也不值一提，叫生命不可承受之轻。

我们不要想去排除生命中的困难，就算你再有智慧，也不可能。我觉得自己算是一个有点智慧的人，混到今天这个份儿上，绝对是一步一个陷阱，一步一个坑。到我这个份儿上，还常常会躺着就会中枪。

# 那些看似徒劳无功的事反而成就了你

ⅠⅠⅠⅠⅠⅠⅠⅠⅠⅠⅠⅠⅠⅠⅠⅠⅠⅠⅠⅠⅠⅠⅠⅠⅠⅠⅠⅠⅠⅠⅠⅠⅠⅠⅠⅠ

[ 1 ]

九把刀在一篇叫《最美的徒劳无功》文章里讲了一段少年时的爱情故事。

故事里，少年时他还叫柯景腾。他喜欢上了坐在他后桌的女孩。女孩常常在背后很用力捏他，捏得他叫苦不迭。他一边骂她"你神经病啊"，一边在那种痛苦中藏起了一分快乐。他也不是省油的灯，常常在她擦黑板的时候在她身后拉扯她的马尾辫。她气得跺脚，大喊"我要告诉老师，我要告诉老师"。可她从来也没有告诉过老师。她把他的书包从五楼上丢下去，或者甩得他的书满地都是，或者把没有喝的牛奶放在书包里爆裂开来。而他也常常惹她生气。而那些相互的折磨，却是那个年纪里畸形的快乐。

他们相互保存着那份记忆，他爱她，其实她也爱他。可他们都没有说破。他曾经在惹她生气时，用画漫画哄她，说他以后要当漫画家，还信誓旦旦地在漫画下签名，说以后可以增值。她送他礼物，她保存着他的漫画。后来她去了国外念书。他也没有成为漫画家，渐渐开始写书，开始成名，还拍了电影。那份美好的感情，被放在了心底。他们各自保存着那份属于自己的美好回忆。

九把刀把那种美好的开始和无疾而终的结局叫作"最美的徒劳无功"。徒劳无功，是因为他们最终没有走到一起，曾经的努力和信誓旦旦都成为记忆。而最美的，就是那些有关爱的记忆。徒劳，总是好过无痕，那些记忆让他和她都在回忆起那段往事时，会泛起淡淡微笑。

[ 2 ]

她生活在南方的小城。像所有青春期的少年一样，总觉得故乡的小城，太小太小，小得容不下自己硕大的梦想，只有走出去才能实现自己伟大的梦想。

大学毕业之后，妈妈给她介绍市里一个国企的财务工作，相比一线城市，那份待遇不算高，但也不低，在那小小的城市生活绰绰有余，还能过得相当富足。她几乎是没有犹豫地拒绝了，她告诉妈妈自己要去北京。

大学刚毕业的22岁女孩。一个人背着相机，拖着行李，坐着火车蜿蜒爬行在华北的平原上，一步一步地朝着"帝都"迈进。

她曾经在市里做过一个网站的摄影记者。读书的那些年，一直希望有一天，自己能够背着相机，从事媒体工作，或者云游四方，做一个自由撰稿人，给媒体写写稿子，在文艺的丽江或者大理居住下来。后来觉得那太不现实，自己年轻的心里还埋藏着巨大的能量。

来到北京之后，在朝阳区的一个小区租下了昂贵房租的房子。

刚开始找工作的那几个月，过得异常艰辛，一个女孩子在北京这繁华的都市里，口袋里的钱一点点地消耗，不知道下一份摆在自己面前的工作是什么。她一度担心自己是不是很快就要从这个小区搬走，住进一个更差的房子。她常常在网上看到文章，说那些北漂的少年，住在没有窗户的隔间房子里，整套房子里住了十来个人，每个人只有小小的一张床的空间。没找到工作之前她已经做好了那样的打算，可她没有给家人打过一个电话。

既然选择了出来，来外面的世界闯荡，就没打算空着手回去。直到那天她读到一句话——"家和故乡，是唯一离开了就再也回不去的地方"，心里默默地生出几许苍凉。自己已经走了这条无法回头的路，便想着要走出个模样。

[ 3 ]

女孩觉得自己要折腾。自己写了那么多年的文字，拍的照片也很文艺。不多久，她便找到了一份纸媒的摄影记者工作，没有沦落到自己预想的那样流落街头。

渐渐地，她很快就成为一个媒体的摄影记者，再便是认识了很多媒体的编辑，开始在工作之余给他们写稿子。偶尔还会以特约记者的身份给《中国周刊》《南都娱乐》这样的大刊写稿子。甚是欢喜。

来"帝都"之前，她设想过无数种可能。自己不是毕业于重点大学，可能找不到工作，被扑街；或者找不到住处，拖着行李箱住在小旅店，钱花光了回老家，被扑街；或者工作的收入和开支完全不平衡，自己设想的美好生活和现实产生巨大差距，最后还是，被扑街……可来了之后，找了几个月工作，没想到比想象的顺利，或许是老天眷顾，一个在外闯荡的女孩总是值得疼惜和照顾的。

诸事还算顺利，工作一年下来，写了不少东西，也接下了两本书的合同。她还和自己一个相熟的编辑互勉，要一起战斗，那个编辑男孩也是接下了两本书的合同。她一边帮别人做书，一边又遇到几个做新媒体的朋友，想要做娱乐类的APP。她是硬生生把自己二十岁出头的青春，过成了几个人的青春那样繁忙。

来北京的第一年，春节她没有回家，还在熬着APP上线之前的工作。除夕之夜，她还在加班，突然觉得心酸，有点儿想家，可想了很久还是不知道怎么给妈妈打电话。她打开微博，写道：其实我这几年还是挺幸运的，写文遇到了最好的编辑，做互联网遇到了最好的同事，当记者碰上了最好的杂志。尽管中途丢掉了些专业或非专业知识，但一直坚守在传媒的阵地上，沸腾着，也沉淀着。现在我又把更多精力挪至创业的项目上，这每走一步似乎都在推翻过去，不知道未来会有什么等着我，可我知道，徒劳总好过无痕。

写完微博，到楼下街角的餐馆里，点了个土豆片，莫名地吃出了故乡的味道，一边吃，一边落泪。毕竟是个女孩。她想着自己搬到那个小区以来，煤气灶、冰箱、水管、洗衣机，甚至淋浴喷头，坏的坏，换的换，都是自己一个人应对，实在应对不来，才找到同事或者朋友帮忙。自己也从一个羸弱、犹豫、多疑、对未来充满惶恐不安却又满怀期待的状态，成长为一个能够独当一面的女孩。

吃完饭，假装坚强地给妈妈通了电话，然后继续回到住处熬新媒体创业的事。

[ 4 ]

有些事，从开始做的时候，就没有想过一定要达到怎样的目的，或者一定要得到什么。就像九把刀那段"最美的徒劳无功"的感情，或者我们在追求着永远不知道终点的目标。

工作充实的女孩，几乎是趁着所有闲暇的时间去做那些自认为有意义的事情。比如去做义工，或者在喜欢的小店里找寻一些小的物件，或者出去短途旅行。她觉得那样能够让自己尽可能地远离负能量，但自己距离梦想的方向还是差太多太多。

她的书出版了。她的APP也上线了，人气还不错。

但她的感情、她的生活也还是遇到过诸多问题，本以为强大到可以应对一切，但还是难免会在乱七八糟的事情中沉下去。每次遇到负能量积压太久，她都会到朋友那里去，两个人坐着、说着，或者叹气，末了终归于长长的沉默。

她说：有些命运难以忽略，那就奋力一搏吧，人生总还是要过下去的，这么愁眉苦脸，恐是青春都不会原谅自己。能爱，一切就还能继续。

她计划，忙完这年一定要去学点其他的东西，和自己掌握的媒体相关的技能不同的东西，比如建筑，比如戏剧，比如心理学，等等。二十来岁正是折腾的时候，她不想在三十多岁之后，自己成为一个孩子的妈妈，因为顾及着家庭或者丈夫，或者诸如此类的烦琐生活而失去了挣扎的可能。还能学习，人生就还有无限种可能，她也不知道自己最终会走成怎样，曾经心心念念的媒体路，说不定哪天就变了，只要自己愿意，没什么不可能。

在北京的第二个春节前夕，她终于还是决定要回家了。都说，父母在，不远游，游必有方。她算是已经"游必有方"了，可前路的意义不在于寻找，而在还归。她没有买机票，还是想以来的方式回去，在火车站附近找了一家宾馆，开房间，进去之后拉起窗帘，自己待在里面，开着电视，刷起了微信。

朋友圈里，充斥着各种祝福与告别，很多人都在写着自己的年终总结。她想想，自己来北京这两年折腾了太多，而以后可能还会折腾更多。回到故乡，自己已经不再是两年前的那个自己，可她还是那个会拒绝一个国企待遇不错的工作的自己，因为有梦想，还能爱，还能折腾，她就不想局促在各种犹豫里。故乡是个回不去的地方，曾经人们掀起"逃离北上广"的运动，可最后他们又都回到了那里。她乘着火车从故乡出发，从北京再听着铁轨节奏的响声回去，最终火车还会把她从那里带走，带到充满折腾的梦里。

也许她做的每一份工作，很快便被自己否定，从网络媒体到纸质媒体，从文字到摄影，再到以作家的姿态写作和思考人生，最后还要在新媒体的潮流里奔突，或者以后的她还会进入建筑、戏剧或者心理学行业。不是无数次的否定，而是无数种可能。徒劳，并不是无功，但绝对胜过局促不前的死寂与无痕。

# 把缺陷演变成美丽的契机

|||||||||||||||||||||||||||||||||

一个圆被劈去了一小片，它伤心极了，为了找回一个完整的自己，它到处寻找着自己的碎片。

在找寻碎片时，由于它是不完整的，因而滚动得非常慢，一路上，它和虫子聊天，和蝴蝶对话，感受到了阳光的温暖，领略到了沿途美丽的风景。

它找到了许多不同的碎片，但都不是原来那一块，于是它坚持寻找，直到有一天，终于实现了自己的心愿。

然而，恢复成一个完美无缺的圆，在返回途中，它滚得太快了，虫子被忽略了，蝴蝶没有闲暇理睬了，阳光也不存在了。当它意识到这一切时，它毅然舍弃了历经千辛万苦才找到的碎片。

有一位挑水夫，扁担的两头分别吊着一只水桶，其中一只水桶完好无缺，另一只水桶有一条裂缝，完好无缺的水桶，总是能将满满一桶水从溪边送到主人家中，而有裂缝的水桶到达主人家时却总是只剩下半桶水。

两年来，挑水夫就这样每天只挑了一桶半的水到主人家。终于有一天，有裂缝的水桶沉不住气了，在小溪旁它很失望地对挑水夫说："我很对不起你，由于我的裂缝，使水不断地往外漏，这两年来让你付出了时间和劳力，却只收到了一半的成果。"挑水夫笑了笑说："你不必自责，我们回主人家的路上，只要你留意路旁盛开的花朵就行了。"

他们走在回去的路上，有裂缝的水桶眼前一亮，它看到缤纷的花朵开满路的一旁，在温暖阳光的映射下，显得格外美丽。为什么只有自己这边开满了鲜花，完好无缺的水桶那一边却没有开花呢？有裂缝的水桶正感到纳闷时，挑水夫解释说："我明白你有缺陷，因此，我善加利用，在你那边的路旁撒了花种，每次我从溪边回来，你就替我浇了一路花！两年来，这些美丽的花朵装饰了主人的餐桌及房间，给主人带来了愉悦的心情，如果不是你的缺陷，主人家也就没有这么好看的花朵了！"

很多人不能正确面对自己的缺点和过失，他们期望自己完美无瑕，常常自卑于自己的缺点，自责于工作上的过失，有的竟身陷其中而不能自拔。

殊不知，人无完人，金无足赤。人非圣人，圣人尚有过，凡夫俗子怎能全？

殊不知，水至清则无鱼，人至察则无绩。

殊不知，太阳再伟大，也有黑子存在；球队再棒，也有丢分的记录；计算机运算再精确，也有失误的时候。

在漫漫的人生道路上，有缺点，有过失是正常的，是任何人都难以避免的。

一个完美的人，是永远不存在的，即使有，从某种意义上说，也是一个可怜的人，他永远无法体味有所追求，有所希望的感受。

完美固然是人人都想达到的最高境界，但却未必是我们一定或必须要追求的。如果一个过度要求事事完美的人，就是纯粹的"完美主义"者，丘吉尔曾说："完美主义等于瘫痪。"

在美国，很多大公司的领导不仅善于容忍下属的缺点和错误，而且还鼓励下属犯"合理性的错误"，不犯合理性错误的人是不受欢迎的。他们认为，如果受聘人员在一年内不犯合理性错误，则意味着此人保守平庸，缺乏创造性和毅力，心理素质和创造力都存在问题，也就标志着此人不可能再有什么建树。

当然，有了缺点和过失，并不是要一味遮掩，百般推诿，如果为了顾及自己的"面子"，满足自己的虚荣心而掩饰错误，回避过失，则会在过错的泥潭里越陷越深，最终将会给集体和自己带来无法弥补的损失。

面对缺点和过失，能实事求是地看待自己，能从自身的不足和所处的不利环境中解脱出来，去做自己想做的事，天生我才必有用，相信自己总能做好自己想做的事情。

面对缺点和过失，要懂得原谅自己，容得自己的缺点和过失，不要沉浸在后悔之中，长时间的后悔会使自己心浮气躁，不要让缺点和过失成为自己的绊脚石，而应努力让它成为垫脚石。

面对缺点和过失，还要善于利用，像不完整的圆和有裂缝的桶那样，把最弱的地方转化为强项，把缺陷和损伤演变成另一种美丽的契机，让缺点和过失使自己逐渐走向完美和完整。

作为管理者，在评价一个人时，不能求全责备，追求完美，在选用人才时，也要扬长避短，因势利导。

缺陷不是一种缺憾，缺陷也许就是一种完美。

# 你经历的洗礼越多，你的皇冠才会越耀眼

||||||||||||||||||||||||||||||||||||||||||||||||||

[ 1 ]

  小黎又跳槽了。这次是一家业内颇有名气的公司，听说每年的营业额大得吓人。而小黎为了这份新工作付出的代价是：从最底层做起。

  其实我觉得，小黎原来的工作也没什么不好，虽然说工资稍微低了一点，但是胜在工作轻松，薪水稳定，还有"五险一金"这种像我这样的"无业游民"享受不到的高级待遇。

  但小黎是一个不容易满足的人，换工作之前，我能从她那儿听到最多的，是她对工作的抱怨与不满：工作内容太简单，枯燥乏味，没有任何挑战性；或者领导尸位素餐，不如把位子让给有能力的人来坐。

  初到新公司的小黎，对生活的信心达到了一个新的高度。每天勤勤恳恳地完成着以前她最看不上的、枯燥乏味的工作，从不迟到早退，对上级尊敬有加——只为了吃到当初面试时，面试官给她画的那张大饼：成为白富美，赢取高富帅，走上人生巅峰。

  可是生活不可能一帆风顺，就在小黎觉得她与梦想越来越近的时候，总经理女儿空降办公室，连声招呼也不打，就占据了那个小黎一直在努力争取的位置。

  那天晚上，我被小黎叫出去，在烟雾缭绕的路边摊陪她撸串。这姑娘喝

了一瓶啤酒，舌头都捋不直了，可还是坚持不懈地跟我吐槽他们公司，他们经理，还有他们经理的女儿。

说着说着她就哭了，啤酒瓶子被她摔在地上，骨碌碌转了两圈，连个裂纹都没有。

[ 2 ]

"你看看，连酒瓶子都跟我对着干！这日子没法过了！"

我看到了，这就是生活，不过才毕业几年，就把当初系里的温柔一枝花变成了如今的样子——一点儿也不温柔，甚至有点泼妇。

我还记得，小黎曾经骄傲地跟我说，她换了新的座右铭——别低头，皇冠会掉；别流泪，坏人会笑。

可这句话给我的第一感觉是，有点幼稚。但我没敢说，怕她为了让我赞同她的想法而在我耳边喋喋不休。

这个有梦想的傻姑娘不知道，世界上，不是谁都有那么一顶皇冠的。

你不得不承认，有些人生下来就含着金汤匙，泡在蜜罐子里长大，到了一定的年纪，又会有人让他们"加冕称王"。他们能达到的高度，或者说他们的起始高度，是很多人努力一生也无法达到的。

而有些人，则是赤条条地来到这世界，没人在前面为他们披荆斩棘，他们有的只是自己。赤手空拳，一招一式走天下。他们也会为自己打磨冠冕，金银铜铁，不一而足。战战兢兢地戴上时，有多害怕失去，好像是偷来的荣誉。他们对自己没有底气。

[ 3 ]

那次撸串后不久，小黎又一次联系我，跟我说，她找了份新工作。

我不知道这世上究竟有多少人，像小黎一样，口口声声说着"欲戴王冠，必承其重"，可在面对困难时，却只剩下一味地退让和软弱，哦，还有逃避。

世界这么大，哪里没有些不公平的待遇呢；世界这么小，你逃得了今天，逃得过明天吗？

其实你自己也知道，什么随遇而安，什么不屑为伍，都不过是你不敢面对现实而找的借口。就像你明明还没有皇冠，却偏偏要故作清高地昂着头。别假装了，你屈服了，认怂了。那么除了这仅剩的自欺欺人，你还有什么呢？

说到底，真正有底气的人，根本不会在意自己的头上是不是有那么一顶冠冕。他们冷静睿智无所畏惧，是命运也愿意垂青的人。如果最后他们真的得到了冠冕，也是经历了岁月的沉淀、世事的洗礼后，才能得到的生活的嘉奖。

真正属于你的皇冠，无论你在风雨中挣扎多久，都不会褪色，只会历久弥新；且不管你低头与否，它都不会掉落。因为它身上有你的印记，坚强、勇敢、不轻易放弃，像你胸膛里那颗年轻却坚韧的心，哪怕遭遇了太多苦难，也没想过逃开，始终有昂扬的姿态。

在有资格得到它之前，请以安静傲然的姿态，认真地过每一天。不轻易悲喜，不随便放弃，好好走过这段没有皇冠的路。

# 人生的结局不止一种

有人说，世界越冷酷，我们越需要学会坚强。

从学校到职场，从新人到精英，成长的路上每天都面临着许多的挫折。

你可知道这些挫折都有AB面？

[ 故事1：胖男孩的委屈 ]

他知道，同学们都不喜欢自己。

踢球，他不会；跑步，他总是最后一个；跳绳，他会绊倒自己……每一堂体育课，都让他倍感煎熬，而周围人看他的眼神，也越来越嫌弃，再也不愿意带着他一起玩儿了。

说到底，不就是因为自己胖吗？这又不是他愿意的！天生如此呀！一想到这个，就让他感觉很愤怒，觉得大家都在欺负他。这不，明明知道自己运动无能，体育委员还硬替他报了校运动会的800米竞赛，这不就摆明要看他出丑吗？

果不其然，他得了最后一名。散会后，他抹着眼泪往家走。

小男孩带着一张苦脸回了家。

爸爸问："你怎么了？"，而他愤愤地回答："大家都欺负我！"

他向自己的父亲控诉了身边人的恶劣行径，但奇怪的是，爸爸却一点没有帮他出头的意思，反而对他说："所以，你觉得大家讨厌你是因为胖？"

"难道不是吗？"

"我觉得不是。"身为企业高管的爸爸，看待每个问题都有自己独特的角度。他捏了儿子的小脸一把，反问道："为什么你不试试在自己身上找找原因呢？"

我能有什么问题？他在心底不满地嘟囔着，可好好想想，又似乎确实有一些端倪：

因为怕出丑，他总是拒绝参与集体游戏；不仅一直逃避运动会，连大扫除他也不愿意干——累啊！体育委员说了他好几次，他也不听。这样看来，好像确实是自己理亏……

看着儿子羞愧地低下了头，爸爸笑了："别不开心啦！以后爸爸每天早起一个小时和你一起去跑步！"说着，他像变魔术一样从身后掏出一个盒子，而里面装着一双漂亮的运动鞋。

## ［故事 2：职场新人的困惑］

这已经是她这个月第三次挨批了。

第一次，是同事在提案会开场前半小时紧急call她送一份产品资料过去。虽然一路急赶慢赶，但还是晚了几分钟。事后，她被训了半个小时。

第二次，是组长吩咐她为大家订餐。时值晚高峰，餐厅不送，好不容易买回来，却被埋怨饭菜不够热了。

第三次，是主管汇报工作时说错了一个数据，也不知怎的，她脱口而出就接了一句"不是"，而主管的脸当场就黑了。

她感觉很挫败，不明白为何自己在学校里一直是资优生，但进了职场却总是处处碰壁。每天早上，她对着镜子里的自己说：加油，一切都会好的！可是一去上班，总是会有新的意外或打击迎面而来。比如，在今天这个会上，她就越听越茫然、也越听越心寒——为什么主管站在台上讲的这个方案，与她昨天交的那个如出一辙？

女孩委屈又不忿地下了班。妈妈看出她心情低落，于是特地做了她爱吃的玉米排骨汤。她鼻子一酸，忍不住倾诉了一通。而妈妈认真地听完后，却提出了一个重要的问题：相似与相同，有着本质的不同。所以，这里面会不会有误会呢？

她被问住了，仔细想想，除了几个idea之外，方案中最重要的部分确实是主管写的。

"你说今天提案很成功，你也作为项目团队一员参与了，是不是应该向主管表示祝贺呢？"

想开以后，她照妈妈说的做。不一会儿，微信提示音响起，是主管："最近干得不错！之后的项目就你来跟吧。另外，下个月你可以转正了，到时一起吃饭庆祝一下！"

一瞬间，所有负面情绪烟消云散。她开心地抱住了母亲，大声叫道："谢谢妈妈，我最爱你了！"

[ 故事 3：HR 总监的无奈 ]

她已经连续加班两周了，包括周末。

作为一家知名企业的HR总监，每天她都在与各式各样的会议、表格、邮件搏斗，每到年底，更是格外头疼。比如昨天，她刚刚被总经理请去喝过一次茶，对方轻描淡写但又不容置疑地说："年底的离职率务必要控制一下，否则很难给董事会交代。"

老实讲，若是不挂着HR总监的头衔，她也很想吐槽：这里任务重、压力大，如果有更好的选择，干吗不去？但作为一个HR总监，她明白这样的抱怨毫无作用，而且显得她非常不专业。所以，她只是淡淡地回了一句"好的"。

之后，她就紧急召集手下拟订了一系列方案，也亲自找各部门主管谈话，非常有技巧地施加了一些压力。渐渐地，她发现大家的眼神开始有了微妙的变化，只要她出现的场合，在场的人就会透着一股淡淡的怨念与忌惮。她明白，自己被大家恨上了。

HR总监好几天都闷闷不乐。

这天，她拖着疲惫的身体回了家，却发现屋子里面黑漆漆的。正疑惑中，灯一下子就亮了，她看见儿子和老公站在一个大大的生日蛋糕前，开心地冲她喊："生日快乐！"

对哦，今天是自己的生日，但最近太忙也太烦，完全没有想起来。看着儿子的笑脸，感觉压力小了许多。于是拿出手机，一家人在蛋糕前自拍起来，还发了朋友圈。生日大餐过后，抱着儿子舒服地窝在沙发上刷手机，刚才发的图片下面全是同事们的点赞和生日祝福。

原来，自己没有想象中那么被讨厌啊。看着家人的笑脸，她突然明白了一个：作为HR总监，如果能让员工感觉到公司的情义，怎么会有人舍得随意说离开？好，明天就找老总好好谈一谈，实际地为大家争取福利！

类似的故事，每天都在我们身边发生。甚至说，可能我们自己就曾做过文中主角。但是每个故事永远有B面。所以我们只要撑过去就好了！每一次挫折，都是财富；每一个苦痛，都是勋章。

# 耐心点，机会很少会以我们所设想的方式降临

||||||||||||||||||||||||||||||||||||||||||||||||||

[ 1 ]

在之前的一份工作里，有个核心员工突然离职了，她负责的业务很重要，但一直招不上来合适的人。管理层最后的决定便是：先让她原先的下属顶上来，同时寻找更合适的人选；如果没有合适的人选，那么就破格提拔这位下属。

正好我和这位下属关系很好，闲聊的时候提醒她："如果最近有让你顶替原来老大的工作，哪怕工作量大，不给你名分也要接下来，这绝对是一个好机会！"

她将信将疑："真的吗？其实老大已经找我谈过了，再晚一步我就要拒绝她了。"

后来，她从别处打听到了小道消息，果然管理层的决定是：因为这个职位太难招人了，所以改为内部培养，但她的资历暂时又无法直接被提拔，因此先让她在这个岗位上熟悉一段时间做出些成绩后，再给予相应的title。

这位同事是极其幸运的，在最需要做决定的时刻，恰巧有局内人提供了可靠的情报，让她明白多出来的工作责任其实是宝贵的机会。

但在大多数情况下，我们身边并没有这样的线人能及时提供内部情报，更麻烦的是，机会来时，总是喜欢披着黑暗的外衣——外表看起来毫无诱人之

处，充斥着可怕的工作量、棘手的任务和模糊不清的前途，如果贸然前往，就可能落入重复劳动的陷阱，让人不知所措。

后来，这位下属同事获得晋升后问我："你当初怎么知道这是一个好机会的？"

我给她讲了我的另一段亲身经历。

[ 2 ]

我曾跟过一个女强人老板，她说过这样一段话："如果你们想升职，就要用更高职位的职责和工作来要求自己——你现在是经理，就要先做出高级经理的业绩；你是经理助理，就要先做出经理的工作成绩，然后你们才有资格找我谈升职加薪。"

大家听罢面面相觑，私下里议论：这老板真是太会当了，不给我们升职还想让我们主动给自己加活。

那次训话后，只有一个同事走了心，按照更高的标准工作。大半年后，果然率先被升职。

当时这件事对我触动很大，也令我非常疑惑。从结果来看，女强人并未食言，因为按照更高标准工作的人的确是被第一个提拔了；可另一方面，考察的周期也太长了，拼死拼活地干了大半年才升，很难讲最后的结果究竟是因为过了观察期，还是给了个安慰奖。

这个问题一直如影随形地跟着我，我在生活、工作中不断地遭遇着类似的难题：该怎么判断这是披着黑暗外衣的机会，还是单纯重复型劳动的叠加呢？拒绝它，我总担心会和机会失之交臂；接受它，我又会担心付出没有相应的回报。

无数次碰壁后，我找到了问题的答案：如果你想做出正确的选择，那么自己心里要提前准备好一把标尺，而这个标尺，就是你为现在的努力所预设的目标。

假如你的目标是从一位平面设计师，转化为成功的交互设计师，那么你就需要在平时不断测算距离这个目标还有多远，通过衡量你还欠缺哪些技能、知识、项目经验，来打磨内心那把标尺。这样，当你的领导告诉你"有人离职、需要你承担更多责任"时，你就能很容易地判断这到底是你要抓住的机会，还是只是付出额外的重复劳动力。

## [ 3 ]

我们都希望自己能有更多机会，但大多数到头来都只能抱怨"为什么某某那么幸运，我就没有这种机会"。这是因为机会很少会以我们所设想的方式降临。

它不会打扮得漂亮体面，金光闪闪地邀约："快来尝试，人生从此就会不同！"现实生活中，这样出现在我们面前的反倒是一些陷阱。

真正的机会往往会以灰头土脸的形象出现，混杂着各种你并不想要的东西，打包售卖：它有你想学习的技能，却也有让人烦心的"杂碎活儿"；它有诱人的岗位，但薪水却很平庸……多种多样的组合之下，你只有揣着内心那把标尺，才知道该如何选择，又如何自信地去坚持。

心怀目标的人会明白，成功就在树上，等那层黑衣褪去，果实就会慢慢成熟，只是还需要一些时间的沉淀。而他们也不会再枉自哀叹，为何多产的总是别人的岁月？

# 过好低配人生也是高配

||||||||||||||||||||||||||||

真正的高贵在于精神，在于灵魂，并非财大气粗就是王者，并非良田千顷广厦万间就是赢家，我所敬佩的，是有着丰富的精神世界的人。

[ 1 ]

读大学时最崇拜的就是哲学系的胡教授，高高瘦瘦颇有几分仙风道骨的味道，每次他的课总是爆满，因为他是一位非常有思想的老先生。那时候我刚好在做宣传方面的学生工作，对胡教授的那次专访让我印象深刻。

我们走进他的办公室的时候，他正戴着眼镜看书。他的办公室简单但不简陋，东西少但不会让人有放空的感觉，反而觉得更踏实。办公室内所有的桌子跟椅子都是木质的，电脑放在门口一张桌子上，大概是助教的位子。胡教授桌上堆了很高的一摞书，书架上也满满地都是书。我们注意到老教授靠近办公桌的墙壁上挂着一幅书法作品，写的是刘禹锡《陋室铭》："山不在高，有仙则名；水不在深，有龙则灵。斯是陋室，惟吾德馨……"

采访中我印象最深的是问到老教授理想生活的时候，他提出了一个"低配人生"，那是我第一次接触到这个词。所谓低配人生，大概也就是老教授现在的样子了吧！不追求生活配置高档化，而注重精神配置高贵化。

他说年轻时候也曾经是个疯小子。那个年代国内摇滚音乐还没开始大范围地流行起来，他跟几个同学就组了个小乐队，凭着家世背景搞来国外摇滚的录音带，然后在同学中间传着听。教授说他倒挺怀念那段日子的，那时候觉得能天天玩摇滚大概就是理想生活了。

随着年岁的增长以及家庭的变化，越来越觉得多读书才会活得更踏实，于是放弃了那种激情燃烧的摇滚，开始潜心研究学问。胡教授说，学问研究得越深，越觉得真正的人生当在于精神的丰满。所以，他现在觉得理想生活应该是精神高贵的生活，应该是一种低配人生。

胡教授说，他对现在的年轻人追求时尚追求高品质精致生活这种现象并不排斥，因为他也是从那样的年轻人走过来的，到了某个年纪自然就会顿悟，身外之物根本没那么重要，低配人生才是最踏实、最稳定的。

## [ 2 ]

几年前工作认识的一个朋友萧萧，是个大美女，因为年纪相仿，也就比较有共同话题，一来二去就比较熟了，工作结束后也会约着一起吃饭逛街。

接触久了就发现萧萧是个有些虚荣的女孩儿，吃饭总要点比我贵的牛排，买衣服也买些名牌，香水、化妆品都要叫得出名字的名牌。她也刚参加工作没几年，工资也没有多高，加上房租每到月底总要捉襟见肘，她是个不折不扣的"月光族"。

我曾经跟萧萧聊过这个问题，她倒挺有自己的一套理论，什么"人生得意须尽欢"啊，"年轻就是资本"啊，但也让我一时语塞，无言以对。她说年轻不就该挥霍吗？等到需要考虑钱的时候，她自然会回归本分做个平凡人。现在不买衣服等到了有钱的时候就没姿色穿了，现在不买点名牌，怎么吸引白马王子来追！

我被她说得一愣一愣的，甚至某个瞬间我竟抽风似的觉得她说的还蛮有道理。她算是个不折不扣的高配主义者了，有些得意尽欢的酒脱和乐在当下的狂傲。吃穿用要挑最好的，过一种所谓的精致生活，但是居安不思危只顾当下不做长远打算的行为，我也不敢苟同。或许真正到了某一天，她会后悔现在的大手大脚，开始后悔没有多读一点书，多涵养一下自己的精神世界。

那个时候，她大概就能真正明白低配人生的意义了。

## [ 3 ]

如果你见惯了灯红酒绿声色犬马，却依然觉得空虚无聊迷茫无助，那你该思考一下你的现状，想想你决心努力的初衷。空虚是因为外物的高配使得内心迷茫不前，过分执迷于生活中的浮华而疏于对自己内心的充实。而很多时候我们忽略的，恰恰是最重要的东西。

低配人生，并不是倡导我们要衣衫褴褛吃糠咽菜。它而是一种理念，比起外部世界的追求，低配主义者更加重视内在的修养，重视精神的成长，重视灵魂的丰富。

古往今来，伟大的人大都不拘泥于当下欢乐，他们或有雄心壮志一往无前，或将世事看透潜心修炼，无论是哪一种，都不被外物所拘束，从而在低配人生中享受着广阔的自由。

《吕氏春秋·去私》中有言："良田千顷，不过一日三餐。广厦万间，只睡卧榻三尺。"我们辛苦打拼，用双手开辟自己的新天地，却很容易在奋斗的过程中迷失自己，梦想的初衷往往在时光的打磨中变成欲望。

这时候，我们应当意识到，真正的高贵在于精神，在于灵魂，并非财大气粗就是王者，并非良田千顷广厦万间就是赢家，我所敬佩的，是有着丰富的精神世界的人。

那些人可能只有一张简单的书桌，一把简单的椅子，穿着简单的T恤，却因为精神的丰满而变成夜空中最明亮的星，让世人为他们内敛的人格魅力所折服。

## [ 4 ]

低配人生是一种放下。

放下焦躁的心，放下繁华的景，放下不必要的浪费不必要的支出，够用就好是一种态度。同时，低配也让我们有更多的空间时间去充实自己的内心世界，也给了理想更多的翱翔空间。人的精力是有限的，分配精力是一门学问，外物投入过多便意味着对内心投入过少，这样的人生是不完整的。没有人天生高贵，也没有人天生低贱，事在人为是不变的真理，生活始终掌握在自己手中。

低配人生是对生活应有的态度。

降低一点物质要求，丰富一下精神世界。少买一件化妆品，多读一本书；少买一件不必要的衣服，多听一场讲座……

如此，低配人生，我们同样可以高贵地活。

# 别念念不忘"不公平"而忘记了去努力

||||||||||||||||||||||||||||||||||||||||||||||||||

小A和小B来实习的时候，都是尚未毕业的大三学生。在能够独立负责自己的项目之前，两人都被分到其他人的项目里一边打杂一边学习。

我是多么羡慕挑走了小A的同事，在忙得人仰马翻没有时间起身倒水的时候，小姑娘总会特别有眼色地走过来，装作不动声色地跟她打招呼"姐，我正好要接水，帮你也倒一点吧"。或者是每天下班之后都还勤勉地拿着笔记本过来请教，顺便问一句"有没有什么我可以帮忙的？"

相比之下，分到我手中的小B，如果每天不是我主动叫她"来，我给你讲讲这个……"她大概永远也不会主动走到我桌前来问问题或是聊天。虽然学习起来也十分认真，可怎么看，都没有像小A那种积极的程度。

况且比起小B的温文有礼，小A的八面玲珑也的确更受欢迎一点。带她的同事天天夸奖"真是不容易，这姑娘性格真好，情商也高，眼睛里特别有活儿，一点眼高手低的毛病都没有。"屡屡换来其他人又羡慕又嫉妒的白眼。

而小B永远默默地坐在她的座位上，翻看着当天的培训笔记，或是练习着Excel/PPT/各种排版软件的做法，偶尔遇到问题的时候默默看着我，直到看我停下手上的工作，才走过来轻声细语地问一句"姐姐，能不能帮我看一下……"

就这样过去几个月，到了她们也可以参与项目的时候，所有人对小A的评价都要比小B高出好一截。

她们协助的第一个项目某汽车广告的文案，两个人都热情满满地提前完成了任务，开会的时候部门老大点评两人的"作业"，说到小A的时候，表扬了几句"新人能够做到这个程度很不错了"然后一笔带过，反倒是把小B的作品仔仔细细地分析了一遍并提出了修改意见，这就是初步定版的意思了。

散会后小B立刻回去修改她的方案，开会前志得意满的小A，破天荒地叹了口气。

"第一次做嘛，不要这么在意。"我们安慰她。

她盈盈的眼睛望过来，一副真诚又委屈的样子，"我倒不是在意这个……只是觉得成长经历真的很重要，我是个普通家庭里的小孩，到现在家里也没车，所以对汽车真的是一点也不了解，不像小B，从小坐专车的大小姐，她写起这个就游刃有余得多了。我这是真的输在了起跑线上啊。"

同事点点头"这样啊……没事，我回头跟老大解释一下，他不会因为这个就觉得你不好的。今后还有很多项目可以做，加油就是了"。

小A点点头，露出她一贯乐天派的笑容"我会努力的"。

可是在后来的许多项目中，我越来越频发的听到小A在旁边带着撒娇似的抱怨。

"昨天堵车太严重了，本来一个小时的路程两个半小时还没到，我过去客户都已经下班了，所以没能及时地拿到客户的反馈意见。我今天一定加班做。"

"我的破手机昨晚没电了，你给我打电话我也没听到，直到早上才发现……我现在就去改。"

"咱们这个客户要求真是多，明明我用的就是正红，他们非要挑三拣四地改来改去，所以进度整个就晚了，我今天哪怕不眠不休也要赶上。"

她每每说着这话的时候，都不忘记跟身边的人做对比。比方说有意无意地提到同事自己开车可以抄小路所以不堵，比方说提到小B生日时她父亲送的

iPhone玫瑰金。然后在加班加点之后又生出新的抱怨"起点低就是没办法，谁让我家境比不上人家，运气也比不上人家呢"。

几个月之后，我们所有人的耳朵都生出厚厚的老茧，仿佛只有她没有车，没有落着个土豪的爹，又偏偏落着个倒霉催的变态客户。

老大终于忍无可忍，叫我到一边说"你们俩年龄差得近，有时间劝劝她，别一天把这些话挂在嘴上，好像全世界都对她不公平似的"。

我旁敲侧击地劝她"虽然每个人手中的资源不大平衡，但是你已经很厉害了，考进那么好的学校，一上大学，就跟重新洗牌了一样"。

她撇撇嘴打断我"可是我那时候多努力啊，每天凌晨学到一两点才睡，如果我也有钱有资源的话，考清华、北大应该也没什么问题"。她看向我，压低声音神秘兮兮地说"姐，你知道的吧，高考试题掏钱是能买到的，听说小B他们那种重点中学，每年都会贿赂一些头头，弄来几道大题让学生练，简直就是送分啊。"

末了又感慨一句"上了大学还不是一样，他们那些有钱的孩子就去报各种培训班参加各种party发展人脉，像我们这些穷学生……"

"穷学生也可以去参加社团的吧，社团又不要钱。"我终于忍无可忍地打断她，觉得这样的对话好无力。

她所有的缺点和弱门都可以被归咎于这社会的不公平、相貌、身高、际遇、眼界、能力，无一例外地归咎为出身不够优越而带来的缺陷。她所有的错误都是客观因素造成，她无论怎么努力都丝毫改变不了这不公平的现状。

她永远看不到小B的加班，深夜里还在线回复着刁难的客户，一边灌着黑咖啡一边应对客户对颜色字体等细枝末节的刁难。她看不到别人的努力，只能看到不公平，然后将这不公平越扩越大、越描越黑，逐渐变成一个永世无法逾越的鸿沟。

诚然，从出生开始每个人都会面对各种各样的不公平，她是皇室的公主，你是贫民窟里的少年，即便这两个人有一天能够站到同一高度，那贫民窟的少年付出的努力，走过的弯路，都必将比公主多出许多许多。

他们的出身见地、资源人脉、生活方式，从出生开始就是云泥之别。这是大多数人，没有办法修改的开始和没有办法逃避的困境。

可人的一生，不就是用尽自己所有努力，将这本来倾斜的杠杆慢慢扳平的过程吗？哪怕不能扳至水平线，进一寸也有进一寸的欢喜。

你跟她上了同一所大学，进了同一家公司，做着同样的工作。这就是那不公平的世界对你的让步。

可是这些话我并没有机会告诉小A，她因为盗用他人设计方案被老大叫去谈话。我记得她在办公室里爆发出不忿的大喊："这世界对我这么不公平了，我无论怎么努力都没有用，那么我用不太公正的手段想要扳回一局有什么错？"

她离开之后，老大说"其实我们今年，是打算招两个人的……"

小A的业务能力虽然没有小B出色，可是她十分擅长与人打交道，很适合做最后一个环节的客户沟通，只是，"还是可惜了"，光脑袋的老大摇摇头叹口气。

你看，这就是不公平如何毁掉一个人的生活。

起初，它用"不平衡"让你心存怨怼缩手缩脚，为你找一个不用付出100%却能心安理得的理由，然后逐渐让你习惯在失落感和挫败感中寻求乐趣。让你一步步失去自省的能力，给自己找到摒弃底线的特权和借口。然后陷入一个自怨自艾与自怜自哀的恶性循环。

它让你觉得所有的付出都是白搭，而只有得到是理所应当。它辜负你，却让你在这辜负中找到一点因为有替罪羊而不必自责愧疚的甜头，然后一步步，让你开始享受被辜负的滋味。让你逐渐抛却教养，抛却真诚，让你在所有场合面对所有人，都"不惮以最坏的恶意去揣度他人"。

它让你不再相信自己，不再相信哪怕是一丁点的可以谋求的公平，不再思考如何运用现有的资源而不是一味地抱怨与哀叹，不再相信你个人努力能够达到的，可能比你想象的要多出很多。

然后直到你众叛亲离一事无成，它还会蒙住你的眼睛让你感叹——

"这是多不公平的世界啊。"

# 心有多大
# 世界就有多宽

命运从你这拿走的东西，

一定会以别的方式补偿你，

没有得不到，

只有配不上。

# 世界很大，你要多出去走走

ⅠⅠⅠⅠⅠⅠⅠⅠⅠⅠⅠⅠⅠⅠⅠⅠⅠⅠⅠⅠⅠⅠⅠⅠⅠⅠⅠⅠ

有一天在微博上看到这样一个观点，说，那些只觉得妈妈的味道才是最美味的人，味蕾是未曾开化的。这句话也许更多是一种调侃，不过仔细想想也自有道理在其中。许多我们曾经自以为无法超越的家乡美味，等自己长大以后离开家乡接触到外面世界的各种好吃的以后，才发觉自己的孤陋寡闻。

我作为一个山西人，从小主食是面食，经常听着什么"世界面食在中国，中国面食在山西"，什么唐太宗李世民御膳顿顿得有面，什么慈禧太后西行来到太原府对各种面食赞不绝口……这样的一些赞扬和真假难辨的故事，心里便被灌输了这样的理念，觉得面食才是最美味、最地道的饮食。

于是一直到大学毕业，我都是坚定的面食主义者，去食堂吃饭，从来都是一大碗面，即使偶尔吃一次大米，自己下意识里便觉得这玩意儿难吃，往往吃几口便扔在一边。直到参加工作以后，再不能像学校那样有一个固定的食堂可以准时准点地吃我想吃的饭菜，渐渐地也便打破了非面食不可的原则。

再后来离开了山西，更加意识到自己过去饮食观念的狭隘。放眼全国，山西面食那是多么小众的吃法啊。即使同样是面条，我也不觉得山西刀削面要比陕西面食、兰州牛肉面、日本拉面这些要更好吃一些。

回想一下自己过去的人生，我曾经一直是一个非常恋旧和保守的人，经常联系的朋友总是那么几个，手机里翻来覆去总是那几首老歌，去固定的小饭馆吃饭，就连衣服的颜色也很少有改变，也不大喜欢去参加陌生人多的饭局和聚会，周末大部分时间宅在家。一直以来我也就是这么生活的，并不觉得这样有什么不妥。

然后某一天，有一个新认识的朋友对我说，你这样的人生实在是太过无趣了。

我说，大部分人不都这样吗？谁每天没事做瞎折腾啊！

她说，不是啊，像她会在周末的时候练练书法，做一做瑜伽，有时候一个人也会去看一场电影，看一些宗教类的书籍，最近打算学日语，接下来计划出国留学……

我当时就沉默了，开始有些怀疑自己是不是真的过得太无趣了。

过了一段时间以后，我有事回家一趟，跟我姐夫一起开着车走高速。

车上一路放着音乐，我听着旋律觉得好熟悉，就问我姐夫，这谁唱的啊？

我姐夫有些诧异地看了我一眼说，天哪，李荣浩你不知道吗？你这个年龄的人居然不知道李荣浩……

我又沉默了，脑子里回想了一遍，好像我对华语流行音乐的认识还停留在周杰伦是个新人的时代。

虽说对于音乐的喜好实在是一个非常主观的事情，喜欢老歌也没什么错，但是如果从来不去尝试，就轻易武断地觉得那些乐坛新人都是垃圾、只有罗大佑、李宗盛这样的才是恒久远，也未免太过偏颇。

经典的东西固然自有其价值，但当下流行的也并非一文不值。今天的流行，便是明日的经典，死抱着过去抱残守缺没有任何意义。

音乐、文学、电影，莫不如是。

想当初，提起80后，第一反应便是叛逆、张扬这样的标签，而时过境迁，80后现在的标签是压力大、买不起房……

连90后都开始步入晚婚晚育的年龄了，80后走在街上已经完全是一副中年人模样……

如果自己对于这个世界的认知一直停滞不前，就会变得因循守旧，浅薄而又刻薄，偏激，自以为是。

想一下当年，刚有了"80后"这个概念的时候，那些老头子们是如何的口诛笔伐，恨不能把这代人集体重新回炉重造成他们心目中觉得正确的样子。

而现在这代人已经成为社会中坚力量，也没有把这个社会折腾得垮掉，倒是比那些老头子们的时代明显进步了许多。

那么，我们又是用一种什么样的眼光去看待那些更年轻的90后、00后呢？

是不是也想当年的那些老头子一样，提到90后就觉得是非主流，提到00后就觉得是脑残？

一切的偏见都源于无知，不知不觉中，我们也可能成为自己曾经最厌恶的人。

那次从老家回来以后，我经常反思和审视自己，然后便愈加觉得自己这些年太过故步自封，在某些领域已经有些跟不上时代的步伐了。

而越是无知的人越容易以自己看到的为整个世界。经常在网上看到人们为了一些观点进行骂战，往往那一批最无知的人是最敢信誓旦旦赌咒发誓，叫嚷得最大声的，而那些真正看透这件事的人，则会慢条斯理地提出自己的观点和看法，提供大量的数据进行佐证。正因为他们什么都不知道，才会更加对自己看到的片面之词坚信不疑。

人们往往会有这样的体验，随着年龄的增长会为自己过去的无知感到羞愧。如果你有这种感觉，那就对了，说明你一直在成长。如果你一直觉得自己牛逼得不像样，回首过去一片辉煌灿烂，大概也开始走下坡路了。

知道得越多，便越不敢轻下论断，因为能意识到自己的狭隘和这个世界的可能性。

过去我也曾经跟人在网上论战，声嘶力竭，争得面红耳赤。而现在则更多抱着去接受和学习的心态。

能够接纳与自己不同的观点，与异见者同处，是一个人开始成熟的一部分表现。

所以我现在非常羡慕那些对生活抱有热情、愿意去体验和尝试各种新事物的人群，希望自己也能够变成那样的人。

我希望自己愿意去尝试更多新奇的美味，看更多的书和电影，去陌生的地方旅行，认识新的朋友，学一两种新技能。

我希望不断地更新自己，时刻让自己保持着对这个世界探索的兴趣，拥有更多创新的能力。

相对于这个世界来说，我们都像是一个对着高山痴痴幻想的稚童，想着山的那边是不是住着神仙，只是我们永远也无法站在世界这座高山的最顶端，洞悉这个世界的所有秘密。然而我们总能爬得更高一些，领略更多的风景。

世界是如此之大，生命有如此多的可能，即使穷尽一生去探索，也无法彻底认识这个世界。而我们才走过多少地方，看过多少风景、经历过多少的人情悲欢？就敢将自己的世界封闭起来，因循守旧，不去接纳新的事物、尝试新的可能？

不要闭上眼睛告诉自己这个世界是黑的。

# 最重要的旅行是心的旅行

||||||||||||||||||||||||||||||

2012年下半年，我陷入一片前所未有的焦灼状态中，生活的变故悄无声息地向我袭来，打乱了我之前所有的计划。经历了这场猝不及防的变故之后，我突然意识到一个问题，毕业之后的这么多年，除了出差，我几乎都不曾离开过合肥，这是一件多么可怕的事情啊。

"身体和心灵，总要有一个在路上""再不旅行就老了"，这些标语总是在刺激着我敏感的神经，我从心底萌发出一股强烈的渴望，那就是我想出去走走。

我和公司的领导商谈之后，决定从全职转为兼职，每个月只要用固定的几天帮公司审核报表、报报税就可以了，而这些工作都可以在线完成，这样就空出了大量的时间。

说来也巧，一个开旅行社的朋友听说我的状况之后，就对我说正好他们公司缺个会计，如果我可以去，每个月还能让我出去带团。我感到欣喜不已，一是因为我终于可以把旅行变成工作的一部分了；二是我还可以顺便赚钱，可谓旅行、赚钱两不误。

然而现实和理想之间往往横亘着一道巨大的鸿沟。

我还记得第一次带团是在九月，当时作为旅行社的全陪人员，我和一些同事一起，带领几十位老年人去山西、内蒙古一带游玩。

在我的印象中，草原应该一片"风吹草低见牛羊"的美景，何况当时还是秋天好吗？然而举目望去，牛羊没大见着，草稀且黄。另外，草原昼夜温差很大，我早上还穿着厚厚的毛衣，到中午就恨不得穿短袖了。

最头疼的要属草原上的食宿和用水，真心让人头大。我们当时住的是蒙古包，结果里面就是几个木板支起的床，夜晚风呼呼地刮着，敲得门砰砰作响，让人无法安睡。最糟糕的是草原上水资源相当匮乏，热水更是稀缺，所以当地牧民都很少刷碗的，洗脚在他们看来就是极度奢侈的一件事情了。还有吃的，在草原上除了羊肉还是羊肉，蔬菜、水果变成了遥不可及的梦想。

我感觉糟糕透了，这是说好的旅行吗？怎么一点浪漫的感觉都没有呢？

然而同行的队伍里，有一对老夫妻却能自得其乐，他们来到贫瘠的草原之后从来没有一句怨言。早上他们会起得很早，披上外套欣赏草原的日出；傍晚时分，老两口就在漫无边际的草原上散步，他们牵手的背影映衬在夕阳之下，真的美极了。

我很羡慕他们不紧不慢的状态，有空喜欢找他们聊天。

他们对我说，其实人这辈子都是在旅行，活到了这把岁数了，他们觉得去哪儿玩不重要，重要的是一颗毫无挂碍满心欢喜的心。

老两口告诉我，其实让他们如此快乐的秘诀并不是旅行本身。按照他们的说法，他们在年轻的时候努力工作，有了儿女之后精心养育，现在退了休，儿女都已成家立业，人生大事都已圆满完成，这才有了享受每一场旅行的心境与资本。

我似有所悟。

从事旅行业的那段时间里，我也接触到了一些游客，他们本身生活过得并不如意，在整个旅行过程中，他们焦躁易怒，稍微一件小事就能让他们暴跳如雷。

待了几个月之后，我退出了那家旅行社。

同年十二月，正好先生有一次去厦门学习的机会，我跟着他去了一趟厦门。白天他在上课学习，我就一个人拿着厦门地图，跑到了鼓浪屿岛上。在那个岛上，我遇到了一位颇有些仙风道骨的老人，他是"岐黄山房"的主人，人称"岐老"。

岐老这辈子都不曾离开那个岛屿，他的屋旁有个特别的园子，里面种着很多珍贵的中药材。当我踏进这片园子的时候我惊呆了：这片园子种着不下百种的中草药，每一种都贴着精致的标签，岐老如数家珍般向我说起他和每一棵草药相遇的故事，我发现他的眼睛里闪着光。

我好久都没有看见这样的眼神了，那种笃定与喜悦是发自内心的。后来他带我走进了他的屋里，里面还有厦门政府给他颁发的各种奖。老人欣喜地告诉我，他自己捣饬打理的这片药材园，如今成为很多医学院师生的参观基地了。

我当时颇受触动，在这样一个物欲横流的尘世，我有幸能遇到这样的老人，一辈子只专注做一件事情，如此笃定而喜悦，去不去旅行对他而言又有什么区别呢？

回来的路上，我一直在思索，旅行到底是为了什么？

之前那对老夫妻，他们做好了人生该做的事情，所以才有了享受旅行的心情。而岐老，一生只做一件自己喜欢的事并将这件事做到极致，每一天都沉浸在莫大的喜悦里，甚至达到了完全忘我的状态，他已经找到了生命的意义和价值，真的是哪里也不用去的。

我突然得到了顿悟般的启发。

原来旅行并不需要远行，它甚至都不需要你离开自己居住的地方，因为旅行更多的是一种心态，一种开放、好奇和探索的心态。而一旦有了这种心态，不论你在哪里，都能感受到每一天是鲜活的。

领悟到这一点之后，我开始尝试从一些生活小事中体会巨大的喜悦与乐趣。

比如我仔细逛了下家门口的那条小巷子，我惊奇地发现了很多有特色的小店和餐厅，然后我会约上母亲一起，去品尝一些新鲜的菜品唠唠家常。晨起跑步的时候，我看见道路两边的合欢花开了，看着每一朵花不同的姿态与色彩，我会感到莫名的兴奋。吃过晚饭之后，我会陪同家人散步，就在居住的小区里，我们发现了很多以前不曾留意的景致。

原来每一天都有不同的东西等待我们发现，我们唯一要做的事情只有一样，就是尝试放慢自己的脚步。

这么多年来，我一直坚持不买车，因为我发现速度快了，人们却越来越焦躁了。

如果可能，我会选择步行上班，因为步行给我带来的惊喜远远超过健康。我会发现，原来自己上班的路上有那么多的小吃，那么多有意思的小店以及从未留意的鲜花水果。我也会选择乘坐公交出行，在公交车里我能遇见很多人，我喜欢观察每个人的表情，仔细体会他们各自不同的生存状态。偶尔我也会选择打车，路上我常常和出租车司机攀谈，他们往往能告诉我很多不同的见闻。

终于有一天，我发现自己再也不必羡慕那些能够外出旅行的人了，因为在我看来，这些事情只要有钱有时间都能办到，而把每天的生活过得丰盈，是比旅行更富有意义的一件事。

我终于明白了，在自己没钱没时间的时候，并不妨碍自己用旅行的心态过好每一天，因为可以通过阅读与观察了解这个世界。而当我真的有钱有时间出去走走的时候，我就可以用一颗宽容的心，去体验不同的生活。

旅行是一种丰富我们生命的方式，之于生活，它更像锦上添花的点缀；而真正的锦，是我们能够过好生命中的每一天。

# 你想要那么多，又得到了什么

||||||||||||||||||||||||||||||||||||||

打开微信的订阅公众号，我的眼前立马出现了一长串方形的图标，每个图标旁边都有着红色的数字，提醒着我——未读。看着那一个个数字，脑海里突然出现一个问题："你为什么这么贪多，却又似乎什么收获也没有？

[ 1 ]

想起读高中的时候，每年开学季，教辅参考书我总是买了一摞又一摞。犹记得，那些带着"点拨""黄冈中学""教材全解"等等字样的封面，成了课桌上从不缺少的存在。一门课，有三四本参考书是常事。

高三的时候，我的同桌是年级成绩最好的学生，一个有些高冷、面目清秀、非常勤奋的女生。她和我们多数人都不一样，每门课，她最多只有两本参考书。

我曾好奇地问过她，怎么这么少的参考书。她简洁地回答我：贪多嚼不烂。那句话，彼时我并未懂，只觉得她散发出一股傲气。但是，摆在眼前的成绩是最好的说明。

后来慢慢熟悉起来才知道，每本参考书她都精挑细选，而且每一本，她都从头学到尾，每一道习题都认真做过，是真真正正地从参考书中学到了知识。

再对比自己课桌上那高高的一摞参考书，真正从头到尾写完的，并没有几本。高考完的时候，许多只写了十几页或一半的参考书，被我当作废品卖掉了。那大概是第一次，我懂了贪多嚼不烂的意思。

## [2]

在国外的这几年，我被很多人问过：该怎么学好英语？

然而，所有问这个问题的人，大概如集邮一般，已经搜集过多种学好英语的方法。

随便打开一个高质量的英语学习论坛，便能看到各种资源和牛人分享的经验，随便去一个书店，都能看到各种英语学习的书籍。更别提数不清的优质英文电影、英剧美剧。

只是，在如此多的学习资源和方法面前，有太多人热衷于搜集它们，却并不会如我那个高中同学一般，真正勤勤恳恳地去运用那些资源，实践那些方法。

如果告诉你，只要你把骨灰级的美剧《老友记》十季认认真真地看几遍、做笔记、模仿，把每一期的《经济学人》一整年一期不落看下来，再或者，将一本雅思或者托福词汇，完整地背几遍，你的口语将会是正宗道地的美语，阅读水平会有质的飞跃，几乎很少有你不认识的单词，可是你能真正地做到吗？恐怕很难。

不仅是学英语，健身也如是。网络上铺天盖地的减肥方法，无数的减肥达人分享经验。许多人的电脑里下载了全套的郑多燕健身操，手机iPad也有好几个健身APP，屌丝健身逆袭为女神、男神的文章也收藏了无数篇，要瘦成一道闪电亮瞎众人双眼的誓言，也在朋友圈发过好几次，可是脂肪依然屯在身上，前凸后翘仍然是梦想。

为什么?

因为相比搜集那些资源、经验和方法,坚持不懈地去做,去实践,真的难多了。而人性中,都有很难抵挡的惰性,以及畏难情绪。所以,在简单和困难面前,大多数人选择了前者,也恰恰是这样不同的选择,将人区分了开,有的人日益长进,有的人庸碌无为。

## [ 3 ]

这是一个每分每秒都在快速变化发展的时代,也是一个让人容易害怕被淘汰落后的时代,同样,也是一个人们喜欢贪多的时代。

我们喜欢关注很多公众号,下载很多电影或视频,买很多推荐的畅销书,收藏很多达人的经验,跟着别人一起考一个又一个证书,报名参加五花八门的网络课程,买各式各样打折的衣服堆在衣柜里,今天想做这个工作,明天又想创业……

似乎,用这样的方式,可以获得一种安全感,能够安慰自己,"你看,我很努力",以此填补内心的担忧或焦虑。

结果怎么样呢?

公众号里有无数篇文章是没有看过的;下载好的电影或视频,有许多从未打开过;畅销书放在书桌上落了一层薄薄的灰;达人的经验像一阵鸡血,打完就忘了;有些证书放在抽屉里,从来都没有派上过用场;有的网络课程报完名,上了几节就半途而废;在某些正式场合时,发现一个衣柜的衣服却没有一件可以穿得出去;手头的工作没有做好,抱怨着怀才不遇……

更可怕的是,我们并不知道在那一系列的资源和信息中,自己学到了什么,收获了什么。在看到别人越来越好,或稳步前进时,我们不自觉地变得焦虑，害怕落后，觉得应该要更努力才行，于是开始新一轮的"贪多"，周而复始进入恶性循环。

其实，是这样的害怕或者焦虑，导致了心的不安静。就如同烛火，四周的风越劲，烛火就越不容易稳定集中燃烧。

只有当心静下来，仔细思考到底自己擅长什么，对什么有兴趣，哪些方法适合自己，哪些资源自己需要，如何做一个切实可行的计划贯彻执行下去，就会发现，其实从那样的恶性循环中跳脱出来并不难，那就是我们不再那样贪多。

《红楼梦》里，袭人劝贾宝玉好好读书，说不读书会潦倒一辈子，要他念书时好好想着书本，但不功课不能贪多，一则贪多嚼不烂，二则累坏了身子。说的就是这个道理。

一本经得起时间考验的好书，必有极强的逻辑性和系统性，是作者思想的精髓。如果我们能静下心来，从头到尾认真地阅读思考，那么，从这一本书中收获到的智慧，远远大于按照书单上购买，却放在书柜里落了灰的十几本书；

一个科学的健身计划，只要合理饮食，按照计划每天锻炼运动，不偷懒，不懈怠。不消三个月，便会发现身体变得轻盈，想要的马甲线、人鱼线都若隐若现；

一个自己需要，且真正传授知识和技能的课程，如果我们坚持上完，并且整理思考，会发现自己有了实实在在的长进；

一件质量上乘、剪裁得体的小黑裙，虽然价格并不那么可爱，但却值得为此放弃五六件打折的衣服，因为它能在多数正式的场合，让自己穿得体面且不会出错。

……

贪多，什么都想要，却是最容易什么都得不到。我特别喜欢匠人精神，它是贪多的反面，是让人心生敬佩的存在。李宗盛曾说过一句话阐释它：

世界再嘈杂，匠人的心绝对是安静的，面对大自然森林的素材，要先成就它，它才能成就我。

如果我们能用匠人的心，对待自己做的事情，对待浩瀚如海的信息资源，那么，我们就会知道自己到底需要什么，在做什么。

这个时代，从来不缺少信息和资源，恰恰是其过于丰富，才更需要我们有独立的思考判断能力，去甄别到底哪些才是自己需要的。

与其贪多，不如静心精简，就如打游戏通关，背负一群不用的装备，不如轻装上阵，带上最有用的武器。

一味地贪多，并不能让我们真正进步，唯有内心笃定、大脑清醒的独立思考，以及强大的执行能力，专注能力，坚定踏实地去做，去实践，才能让我们的心定，不再害怕和焦虑落后于别人，落后于时代，而是能够最后获得实实在在的长进。

# 有时候，你需要换一个角度去生活

ⅠⅠⅠⅠⅠⅠⅠⅠⅠⅠⅠⅠⅠⅠⅠⅠⅠⅠⅠⅠⅠⅠⅠⅠⅠⅠⅠⅠⅠⅠⅠⅠⅠⅠⅠⅠⅠⅠⅠ

人到中年，突然明白，人生常常就是两种情况：顺境和逆境。而且，顺境时的快乐往往是一个一个单丢而来的，逆境时的难怅却往往是成群结队、结伴而行的。

有段时间，我的生活就进入了一种负能量成群、情绪化爆棚、各种不顺跳着街舞就来了的状态。先是鼻炎张牙舞爪三下五除二就将我放倒，于是在朋友的动员下外出躲一躲过敏源。本来带着美好的心情踏上旅程，谁知道一路艰险，泥石流、堵车、悬崖峭壁离合器失灵等等各种状况，差点让我咽气！

要说倒霉，这才刚刚开始。紧接着就是单位被撤、办公设备被搬、工作搁浅、人员分流，年初接的一个小活被告知三审未过，女儿入学无果、儿子晋级无望……这还没完，老家来电，亲人住院、老父亲生病、贷款到期、车胎爆气……整个人就从喜剧乌力吉变成了悲情布鲁克，家里的空气瞬间变得凝重。

那天，找一位朋友诉苦，讲我这些天的郁闷。朋友默默地听着，适时地疏导。他说，在薄情的世界里深情地活着，不外乎就是把自己调成幸运的模式。才发现，生下来活下去的动力就是：我们很幸运！

他给我分析道，有过敏性鼻炎，说明你的身体器官还很敏感，这是不是你的幸事？一路艰险，居然能躲过一场泥石流，是不是应该感谢那场堵车？再过几年，你会感谢那次旅行，它是你人生的一段阅历，或许因为这段旅程，你对生死、对情义也有了别样的感悟，你说你应不应该庆幸有这次刚刚好的行程？你喜欢自由、喜欢旅行、喜欢摄影和写作，工作搁浅、重新配置，这是更宽松的工作环境，你偷着乐吧！

最后，他择机安慰我说，生活有时候就是换一个角度活着。幸亏生活不仅仅只有A面和B面，生活有时候是多棱镜，有N面等着折射我们的人生。以泪洗面、破罐破摔，都不是活着的目的。墙拆了，就是桥。有时候遇到难过的事，拐一个弯，才发现前面是另一番风景。

朋友说着说着，挽起了裤管，我看见他冰冷的假肢。他说，车祸，最亲的两个人都走了，他在床上躺了4个月。回到家，他当时的心情和我一样，怨老天不公、怨生活苛刻。第二天醒来，依然如昨。

有一天，他发现车祸以来的家里，冷清、萧瑟，曾经精心饲养的花草，因为长时间没有浇水，大多都枯萎了。他看着难受，让物业帮忙统统扔掉。

就在这时，物业的人说，有一盆花活着，还要吗？

他这才望了望窗前。之前忘记关闭窗户，靠窗边的一株常春藤沿着窗棂的缝隙，居然长出了窗外。那是一个多雨的秋天，就是这株常春藤，居然爬满了窗口，每片叶子都像一枚勋章，傲然挺立，葱茏成一处风景。

那时候的他，本能地脱口而出：幸亏忘记关窗。幸亏，突然成了他心中的一抹亮色。之后，他发现，背运的后面都有一抹暖色，而我们能做的，就是在幸亏的指引下，去找寻那抹生活的暖色。

听他谈话的那天，阴雨天，我走出家门，居然有想找人喝酒的冲动。席间，认识一个年轻人，几次过来敬酒，好像很激动的样子。后来，他断断续续地表达，才知道，我的某篇文章，曾拉他走出他以为的困境。

我把朋友的话原封不动地转送给那位年轻人：生活有很多角度，总有一处躲着一个叫幸运的家伙，等着你！

这段时间，我努力按照朋友说的方式，把自己拽出阴郁的情绪。每次遇到不顺和郁闷的时候，先想想幸运的那一面在哪？居然发现，难过会减半，快乐就会加倍。

我还发现，快乐和痛苦不仅仅是两种情绪，它还是两种思维方式。你的思路完全可以改变它们的走向。生活中的很多事情，其实从你找寻幸运的那一面起，就已经是新的开始了。

台湾作家林清玄说：心随境转是凡夫，境随心转是圣贤。用惭愧心看自己，用感恩心看世界。

才发现，幸运就是一种方向，一个向阳的方向。遇见幸运的时候，快乐也就不远了。

# 你心里有别人，别人心里才有你

提高情商的结果让别人舒服，起因却是我们要达到自己的目标，成为更好的自己，交到更多真正的、愿意帮你的朋友。

## [ 1 ]

几个人在一个桌上吃饭，她是我带去的朋友，服务员把菜单给她，她要递给我，我说你先点，结果她噼里啪啦把一桌人的菜都点了。点完也没问我们行不行，菜上来，发现每个菜都辣，一个正在口腔溃疡的老兄吃得龇牙咧嘴。

回去的路上，她说小羊姐，我是不是情商低得没救了，怎么才能提高呢。我告诉她，情商高就是心里装着别人。

"真装吗？还是假装有就行了。"

"假装的早晚会被发现，高情商就变成了奸诈狡猾、阿谀奉承。"

"那我可做不到，我这人最大优点就是自私。"她说。

我笑笑，做不到就做不到吧，二十岁出头的姑娘，再任性几年无妨。

等到真有一天，或者情场失意，或者职场失足，觉得提高情商跟吃饭一样重要，或许她会想到这个下午，我们走在樱花四落的街上，我告诉她，情商高，其实就是心里装着别人。

## [2]

冯仑讲第一次见李嘉诚。

情境是李嘉诚作为商业大鳄，接见内地长江CEO班的学生。大家想象的场景是学员落座多时，大哥姗姗来迟，众人鼓掌欢迎。真实的场景却是，大哥亲自站在电梯口，与每一位乘电梯到来的学员握手，递上自己的名片，吃饭的时候，四张桌子，大哥在每张桌子旁坐了15分钟。告别时，他又逐一与大家握手，包括墙角站着的服务员都没有漏掉。

"整个过程，让我们每个人都很舒服。"情商高的好处，就是让大家都舒服，以后还愿意跟你玩，跟你混，跟你做生意，愿意帮你，衬你。

这样说起来，好像有点功利，然而关键是，还有那么多人，连这么功利的事情都不愿意做。

就像我的那位小朋友，她说我很自私哦，心里才不愿意装别人呢。其实这不是自私，是傻，是天真，是对未来没有目标。

说到自私，大哥不自私吗？他是因为自私才在心里装着所有的人，包括一个普通的餐厅服务员。作为商人，每个人都是他的潜在客户，要知道，你们热爱的小岳岳（岳云鹏）做过餐厅服务员的，我大学勤工俭学的第一份工作也是餐厅服务员。

## [3]

经济学家斯密说：市场上所有人都自私自利，却为他人创造出了便利。

自私，意味着有一个利己的目标，比如谈成一件事，做成一笔生意，在职场里取得更好的成绩，在情场无往不利……损人又不利己的，不是自私，是使小性子、傲娇、天真，或者太年轻。

提高情商的结果是让别人舒服，起因却是我们要达到自己的目标，成为更好的自己，交到更多真正的、愿意帮你的朋友。

我遇到过一个非常沉默的女生，是个歌手，个子有一米七还多，参加一个花艺活动，连男生都没有比她高的，合影的时候，我注意到她隐秘地弯了腿，在照片上看着跟我差不多高。"照上半身"，她轻声叮嘱摄影师。后来看那次活动的照片，她一点儿也不出挑。

从那以后，我也学会了与比自己个子矮的人合影的时候，略略屈膝。

最近我做新书活动，主办方邀请她所在的乐队捧场，主唱悄悄告诉我，她建议不要唱歌，讲几句话就好了，因为"唱歌会抢小羊的风头"。

这个女孩，让我感觉特别舒服，我相信无论什么时候，只要能帮她的事情，我一定会做。

对于真正高情商的人，心里装着他人，是一种日常，像清水流过河床，河床边的一切都被自然而然地照料过了，而不是要用这个人的时候，才心心念念，嘘寒问暖，后者总有刻意之嫌，其实谁的智商都没有欠费。

[ 4 ]

关于情商这个话题，如此简单粗暴而又有效的解答，再次证明我们是良心公众号，然而一定还是有很多人，说我就是不知道怎么装下别人。

心理学有一个概念，叫共情，用古语讲，就是己所不欲勿施于人，你喜欢被照顾，就去照顾别人，你喜欢被温柔对待，就去温柔对待别人，你喜欢不抢你风头的人，你就不要去抢别人的风头。

当然，情商高的人，偶尔也有几分无趣，上帝总是公平的，每个人都不可能得到所有。有时候，玩玩闹闹，逛街撒野，我还挺喜欢找几个奇葩朋友，他们自己爱变态辣烤翅，就点一大包回来，吃得我第二天满嘴火泡；他们在夜深人静的时候打来电话，讲跟前任的狗血事件，全然不顾我是不是在陪孩子睡觉，他们就是《小时代》里的手撕达人，随时手撕又随时和好。

然而，如果谈到共同创业，谈到共度余生，谈到做同事与上下级，谈到做搭档，我会毫不犹豫选择有一点点无趣，却理智宽容，温暖包容，心中有他人的高情商者，他们是无意外之乱的保障，是做成一件事的基础。

# 一成不变的不是生活，
# 而是你对待生活的态度

丨丨丨丨丨丨丨丨丨丨丨丨丨丨丨丨丨丨丨丨丨丨丨丨丨丨丨丨

如果你以美好的眼光观察这个世界，你就永远能看见天使的面容。

## [ 1 ]

只要你愿意，即使再平淡无奇的生活，也可以过得多姿多彩。

曾经看过一句话说：

人生的快乐在于自己对生活的态度，快乐是自己的事情，只要愿意，你可以随时调换手中的遥控器，将心灵的视窗调整到快乐频道。学会快乐，即使难过，也要微笑着面对。

知乎上关注了一个用户，只因为她写的一篇名为《热爱生活是什么样子的》文章。她是一个定居国外的女士，虽然她所在的小城人口很少，没有什么娱乐，没有什么景点，甚至连一个亚洲超市都没有。

可能在很多人看来都觉得那是一种荒凉和无聊的生活，可是在她的世界里我却看到了另一种截然不同的生活态度。

在她的眼睛里那个荒凉到无聊的生活，处处充满新奇与乐趣。

她觉得这里四季的风景都不一样，春天可以看万物复苏，夏天可以看草木繁盛，秋天可以感受秋高气爽，冬天可以体验银装素裹。

甚至是每一天的风景如果你细心地观察的话，也会发现它们的不同。

她学做手工，学做烘焙，用一个简单的食材做出花样百出的美食，调制各种不同的饮料。

没事的时候健健身，学化各种搞怪的妆容，或者听着音乐晒半天太阳。把别人眼中一成不变的生活，变着花样过得丰富多彩。

很多人都留言说很羡慕她可以把生活过得这么充实精彩，其实这种生活很多人都可以拥有。

只是太多的时候我们都丧失了对生活的热情，成了对生活毫无热情，甚至可以说是到了对生活冷漠的地步。

比如学生经常用四点一线，教室、宿舍、图书馆、食堂，来形容自己枯燥乏味的生活；比如工作的人经常用两点一线，上班去公司、下班宅家里，来形容自己一成不变的生活状态。

其实，当真是生活一成不变，还是我们对待生活的态度一成不变？

生活永远不缺乏美，缺乏的只是发现美的眼睛。

[ 2 ]

如果我们是一个热爱生活的人，又怎么会觉得昨天和今天一样，明天又是今天的重复呢？

昨天遇到这样的人与事，可能今天会遇到那样的人和事。今天学到一个新知识，明天可能又学到另一种新技能。

明明就每天都不一样，所以哪来的一成不变？

《一个人的朝圣》中老人哈罗德觉得自己的生活一成不变，可是直到有一天他为了去看望自己阔别多年的好友而选择徒步远行的时候，他才意识到以前他走了无数次的路并不只是一片绿地。

现在他真真正正地一步一步去走时才发现，绿地上还有高低起伏的田埂，周边还有高高低低的树篱。

他忍不住驻足遥望，自觉惭愧：深深浅浅的绿，原来可以有这么多种变化，有些深得像黑色的天鹅绒，有些又浅得几乎成了黄色。可是这些他以前怎么从未注意到呢？

而这段627里历经87天的徒步远行也让原本对生活失去热情的哈罗德再次找回了自己对生活的热情。

他这才意识到其实一成不变的不是生活，而是他对待生活的态度，是他失去了对生活的热情，才导致他对生活中的美好视而不见。

但其实生活的美好一直都在那里，只增不减。

保罗·柯艾略在《朝圣》中说我们要从平日司空见惯的事物中发掘出视而不见的秘密。

如果你以美好的眼光观察这个世界，你就永远能看见天使的面容。

## [ 3 ]

朋友A和别人合租一套公寓，她的小单间只有10平方米左右，房间里家具都很简单，可是就是在这个小小的出租房里，她把自己的单身生活经营得有声有色。

买了吉他，没事自弹自唱一曲；在网上报了英语课程，下班回来给自己充充电；为了保护视力，买了很多纸质书籍，睡前看上半小时；周末休息和朋友一起来个一日游；喜欢做饭，没事就钻进厨房研究新菜。

房间虽小，但却被她收拾得干净利落，有花有草，文艺范十足。虽然工作很忙，但她从未忽略生活。

她说："房子是租来的，但生活不是。"

她说："我努力工作，就是为了更好地享受每一天的生活。"

生活不就是用来享受的吗？

而我们享受生活的前提就是要发现生活中的美好，以及从平淡的生活中创造出精彩。

[ 4 ]

可是很多人却并没有像她这样地热爱生活。很多人住在租的房子里，每天凑合着生活，因为他们觉得我住的房子是租的，能省则省，我才不要把它当作家一样收拾呢？

可是后来即使他们真的有了自己的房子后也未必就把家收拾得如何好。

因为热爱生活和你住的房子是不是租的没有关系。难道租的房子就不是暂时的家吗？只要我们生活在里面，就应该让自己生活得更舒适，不是吗？

房子是租的，难道我们的生活也要随之打上折扣吗？

生活在哪里不重要，选择怎样的生活方式才重要。

生活在大都市，向往乡村的宁静，生活在乡村，又向往城市的繁华。

总觉得生活在别处，却不知生活从未在别处。

闹中可以取静，同样静中也可以创造另一种热闹。关键在于你以怎样的态度去生活。

生活一直都在当下，如果你一直抱怨自己现在的生活不满意，不去想方设法改变，反而寄希望于未来，可能你未来的生活却未必就一定有多完美。

与其憧憬未来，不如努力过好当下。

觉得生活一成不变，那就改变自己对待生活的态度，用力生活，用心发现生活赋予我们的一切美好。

做一个热爱生活的人，用一颗欣赏一切的心去对待生活。耳得之而为声，目遇之而成色，那么生活处处都是美好，每一天都是新鲜的一天，又怎会一成不变呢？

大冰在《阿弥陀佛么么哒》中说："任何一种长期单一模式的生活，都是在对自己犯罪。明知有多项选择的权利却不去主张，更是错上加错。谁说你我没权利过上那样的生活：既可以朝九晚五，又能够浪迹天涯。"

是的，没有谁能决定我们过怎样的生活，但我们对待生活的态度却可以左右我们对生活方式的选择。

只要我们对待生活的态度不是一成不变，那么就算不能浪迹天涯，朝九晚五的生活中偶尔来场说走就走的周边游同样也是一种幸福。

# 别年纪轻轻就好像历经了沧桑

||||||||||||||||||||||||||||||||||||||||

公交车上跳上来几个初中生，对的，是跳，不是走上来的，他们叽叽喳喳地说着学校里的趣事，说这次的考试真简单，女孩子贴在另一个女孩子耳边说别人听不到的秘密，男孩子们笑着谈论球场上的精彩。

嘉嘉拿下耳机，把头靠在我肩上，说，你看，他们多青春，我真羡慕。

我知道嘉嘉熬了一个星期的夜做的方案又被她老板给毙了，理由是达不到客户要求的"花哨"标准。刚刚还在电话里把她狠狠地骂了一顿，嘉嘉忍着没有哭，这些年里她或者我早就练就了一身不为领导和客户任何一句言辞上的责难动一丝心酸的本领。

她用眼神拒绝了我想要安慰她的冲动，默默地拿出耳机戴上，打开永远只有十首歌的播放器，呆呆地望着车窗外闪过的风景，眼神里疲惫而落寞。

她最后一条朋友圈停留在毕业工作一年之后，我戴上耳机打开手机好像全世界都与我没有了关系，却又好像全世界都与我有关。

越来越忙，越来越疏于表达，喜欢的拼了命也想要去得到，这必然都要付出代价，比如没完没了地加班，比如发了疯似的学习，比如违心去迎合老板与客户的需求，再比如天大的委屈也不再去想把它说出来写下来，歌曲是唯一的最舒心的陪伴。

下了公交车，在一个地下通道的入口看到一群大学生在做表演，红红的横幅上写着"大学生艺术社团街头表演"，戴着鸭舌帽的男孩子正在唱《南山南》，声音很青涩，有时候不记得歌词还要低下头看看手机，再抬起头的时候脸上就有了羞赧的色彩。我们停下来，静静地听他断断续续把一首歌唱完，然后我拉着嘉嘉走，她迷惑地问我干吗，我没好气地答"买菜"。嘉嘉叹了口气随我走，在超市里看到一冰柜一冰柜的肉类说，他们还在青春洋溢，我们却已经是柴米油盐，可是我那样恣意挥洒青春的日子也才过去了三年，我也才24岁而已，怎么就好像历经了沧桑。

是啊，嘉嘉，你才24岁，我们都才24岁。

工作里的那些不顺那些烦恼像蜘蛛网攀满了我们当下的生活，想逃，被死死地黏住了脚。

有时候我们会想要去到远方躲避一下生活的喧嚣，金钱，时间，成了不能同时成全的枷锁。好不容易去成了又发现所谓的远方已过于商业化，想象的净土在尘世里正慢慢变脏，不复原来清丽脱俗的面容。

生活好像很糟糕，房租又涨了，厕所被堵了，欠费停水停电了，厨房里蟑螂出没，楼道里又被对门的丢满了好久不扔的垃圾，一场雨落下来楼下的积水淹坏了我们心爱的鞋子。

总有人旁敲侧击着问我们工资多少，工作几年给家里贡献了多少，有没有可以结婚的对象，什么时候买房买车。

可是，你看，我们也才只有24岁。

我们的父母都还健在，还没有经历重要亲人辞世的悲痛。我们可以每个星期给他们打几通电话，父母催婚就让他们催去吧，也不会真的逼着我们去跟一个你不爱的人结婚过一辈子。父母或者旁人的唠叨都不可避免，我们可以假装听得很认真，转身就把它们都忘掉，虽然这很难。

爱情是奢侈品，却也并不是必需品，他来，就热烈地相爱，他不来，就静静地等待，等待的时候，让自己变得更好，去配得上一个更好的人。

工作忙到没有时间娱乐，没有时间维系朋友，那又怎样呢？真正的朋友即使我们不说也能理解我们的难处，许久不见面也依然可以无话不说。被领导压着看不到希望，那又怎样呢？我们所做的事情所学的点点滴滴，将来都有可能在我们人生的履历上加上重重的分数，希望也终将会在这点点滴滴里到来。

我们偶尔能够抽出时间去一个地方，坐一辆环城公交，在陌生的城市里，从这头晃悠到那头，去吃一点特色小吃，看一些不一样的风景，没有人认识，也不认识任何人，哪管它商业不商业化，自个儿能随意放纵释放压力就足够。没有时间也没有关系，我们可以去到ＫＴＶ，大声地呐喊歌唱，嘶吼出情绪，并不会有人在意有没有跑调。

而充满了柴米油盐的生活其实也是一种诗意，被规规矩矩摆在菜市场上的菜本来已经失去了生命，做菜人凭借着一双巧手，几种调料，又赋予了它们另外一种生命，这多么神奇。

我们彼此做一个约定，不说生命里的不好，只说那些开心的事，被子晒了闻一闻都是暖暖的气味，月光透过窗子外的大树照进来明晃晃地摇动，公交上碰到一个小孩子憨憨地笑着，养的植物终于开花了，会做一道大菜了，去附近的城市旅游了，学到了一点新技能，领导终于认可了我们的能力。

很简单的生活着，这样是不是其实就已经很好。

谁都在向往着自由与海阔天空，不然也不会有那么多前赴后继奔向自由之路的人，只是我们还不能忽略这自由的路上必须要承受的艰辛，现在说起的"沧桑"，也许在若干年后就只是闲来的一点谈资，毕竟，人生很长，还有很多路要走，很多难关要过，等我们垂垂老矣坐在摇椅上的时候，再来说这满身的沧桑。

# 没有得不到，只有配不上

||||||||||||||||||||||||||||||||||

　　小时候，楼上的邻居是一对上海夫妻，那时候的他们年过五十岁，没有孩子。阿姨一年四季喜欢穿旗袍，夏天是棉布的，冬天则是加了棉花的，她苗条的身材和圆润的肩膀穿起旗袍来十分好看，再配上她脸上多年不变的和气微笑，漂亮得可以忽略了年龄。多年后我在影院里看《花样年华》，张曼玉穿旗袍已是极美的了，可阿姨当年的样子更加婀娜。

　　叔叔总是衬衫挺括，皮鞋亮得晃人眼，有一次他来家里做客，我看到他衬衣领子的内侧是补了一层布的，大概是因为穿得久了那里已经洗毛了边。幼时的年代物资还是匮乏，衣服大多是去裁缝店做，布料选择的余地也很小。邻居阿姨自己会做旗袍，扣子则是手工盘制的，一台画着小蜜蜂的缝纫机斑驳着那个年代里，女人生活的智慧和向美的灵魂。

　　他们两人每天都会在晚饭后手拉着手散步，和每一位路过的熟人打招呼，再亲切地说几句家常话，好像每个人都是他们多年的老友和亲人。听妈妈说，那里面有当年批斗和打他们两口子的人，可在我记忆里，他们夫妻善待任何人和事，甚至没有见过他们不带微笑说话。

　　那个年代如果有亲戚在国外，国内的人就会被扣上各种罪责批斗和打骂。上万人的集会上，邻居夫妻跪在台上，叔叔被打得口鼻出血却还是尽量挺着身体，阿姨的头发被剃掉了一半名为"阴阳头"，还拼命腾出手去遮挡自己被扯破旗袍露出的身体。第二天，你还是可以看到夫妻两个人换了整洁的衣服，打扫街道和厕所，照常微笑着跟每一个路人打招呼，就像昨晚什么事情都没有发生过，尽管更多的人只是低着头匆匆躲避离开。

后来，叔叔不知道被关到了什么地方，阿姨一个人的身影每日凌晨开始打扫街道，在毫无音讯中等了七年才盼得了归期。她被打被侮辱都没掉过眼泪，那一天却喜极而泣，她说："他还活着就好，就好，活着就有希望。"妈妈说他们曾经有过孩子，阿姨被打流了产，叔叔又被关了好多年。夫妻俩一定是极爱孩子的，每次去上海休假回来，楼道里的孩子们都会分得大白兔奶糖和巧克力。他们还常去幼儿园和学校陪孩子排练歌舞，阿姨会跳民族舞，叔叔会拉手风琴，他们的恩爱是很多人眼里的幸福。

再后来时代变了，身居国外的亲戚接走了退休的叔叔和阿姨，偶尔会在爸妈的相册里看到他们在国外的生活。法国的山村古堡上，葡萄园里的阳光灿烂，他们带着一群孩子在草地上野餐烧烤。阿姨还是穿着旗袍，叔叔还是穿着挺括的衬衣，笑容里闪烁着命运最终的温柔相待，用一世体面补偿了夫妻俩曾经遭受的所有不公。

从那以后我才知道，体面不只是外在的光彩，而是每个人内在丰盈宽广的外溢。体面一时或许容易做到，而活得一世体面，是我们面对生活的耳光和磨砺，需要拼尽全力用教养、格局、努力和强大加在一起才能够做到的事情。也唯有顺境逆境都活得体面的人，才配得上命运的补偿。

你做过的所有错事都是一种不体面，体面的人会选择做对的事情，出错了也会及时道歉并且调整自己的心态，不会怨天尤人随波逐流。即便我们看到了别人的错事，揪住不放得理不饶人也是一种不体面，体面的人不是忍气吞声，而是暗含力量做好一个大写的自己，外溢的体面就是不容侵犯的尊严与强悍。要知道，世间的惹事精们都是欺软怕硬的货，真是来事不怕事的人倒反而麻烦少。

　　我之所以对生活和情感的困境甚少抱怨，我想就是因为从父辈身上看到过什么才是真正的强大，而他们的"一世体面"在那个动荡的年代里更显弥足珍贵，比起这些经历，我们在如今时代里遭遇的一些所谓痛苦，只是痛了，大多谈不上什么苦。也正因为不苦，我们才有力气把一点点痛折腾到山崩地裂，甚至对生活和生命都毫无敬畏，命运不给我们脸色看就不错了，还不赶紧收拾好自己以免祸不单行。

　　每个人都跟我说要好好爱自己，可看到地铁上那些灰扑扑不高兴的脸，职场上那些空谈格局和人脉的嘴，爱情和婚姻里找种种借口骗自己的男女，公共场合用叫骂厮打找公平的人，面对孩子说谎失品丑态百出的父母，守着乱糟糟的房间不修边幅说爱情的你，我就知道依旧很少有人懂才是真正爱自己。你不会爱自己，也就不会爱别人，得到爱也是糟蹋，不体面的糟蹋更是罪过。

　　如果我们总是用一种不体面的方式说爱，说成功，要情感，要公平，只怕离体面点的生活都遥遥无期。不体面的人不值得被信任和被尊重，因为体面的背后才是一个生活强者必须具备的品质。

　　每个人都有自己的命运，总是不济是因为你一直在做错的事情，而你的脸就是你的性格与福报，外在的体面就是敌得过年岁月的美好，内在的体面就是克服了自己的强大。命运从你这拿走的东西，一定会以别的方式补偿你，没有得不到，只有配不上。

# 不完美的青春才叫青春

|||||||||||||||||||||||||||||

## [1]

昨晚，传奇姐又在同学群里发起了一阵骚风。

无非就是感叹青春，后悔大学太贪玩，读书少，以至于毕业不停地被跳槽。如果青春可以倒流，让她再重回一次大学校园，那么她一定会努力学习。

当时群里一片沉寂，任由她来撕破我们糜烂的青春，还年轻一个真相。

我没出声不是因为赞同。而是沉浸于往事，心里不停地呢喃着：敢问，又有谁的青春未曾留下过遗憾呢？

## [2]

传奇姐之所以传奇，是因为她是用生命在享受青春。

那天，给我们上影视作品赏析课的老段正用尼科尔斯的《毕业生》进行拉片训练。一个镜头一个镜头地拉，等拉到经典的丝袜诱惑那场镜头时，班上有男生开始响亮地清喉咙，紧接着，又有男生开始报以咯咯咯的奸笑。过了一会，班上女生集体性地出现低头瞄手机。整个教室嬉笑声咳嗽声声声作响。

就在这时，教室门口惊现踩着十厘米的高跟鞋赶来上课的传奇姐，不明情况的传奇姐一声报告打破了整个教室的尴尬，老段瞪眼望了她一眼便示意她进来。传奇姐步履优雅地走进了教室，倒是让我们一群人倒吸一口气。

我想传奇姐天生有股戳破人生的使命感。

她一屁股坐在教室的最后一排，推了前面女同学一把："上到哪里了？"前排女同学将低埋课桌下的脑袋冒了出来，用手指了指投影仪，小声地说了句："拉片呢！分析这个镜头语言。"说完又连忙低下了脑袋。

传奇姐这才条件反射地抬头看了看投影仪：罗宾森太太穿着黑色丝袜，将脚弯成一个倒 V 字形，导演将此作为前景镜头，而毕业生本恩则以傻愣愣的形象屈居于罗宾森太太的倒 V 字形大腿下。传奇姐慢条斯理地打趣老段："段老师，最近春天来了啊！给发这么好的福利。"

她瞄了眼旁边低头玩手机的女生，叹气说道："都是成年人怎么看到条黑丝袜就吓成这样了。"这话硬是把班上男同学激怒了，班长带头吼了句："我们不懂，麻烦你分析下呗！"

段老师挠了挠后脑勺，朝传奇姐示意了一个请发言的眼神。她立马站起来就答道："罗宾森太太的腿就象征着现实的压力将刚刚毕业的本恩压得无处遁形。"

如果仅此于此，那也道不出所谓的传奇。因为传奇姐绝不仅仅只是口头上的成年人，她用行动在实践着理论。

她的前男友因为感情纠纷在整个学院群里大闹了一场。男友盗了传奇姐的QQ，在群里头放狠话说：传奇姐将他的孩子私自带到医院隐了，一对双胞胎就此没了。要求学院领导将传奇姐喊出来对簿公堂。这话一经说出，立马在群里惹来了一片窃窃私语，但是谁都没敢站出来说句话。因为这件事情太敏感了，大大超出了大家的心理承受范围。一直到晚上，当事人才站出来澄清说："QQ因为被盗打扰大家了，请大家不要轻易听信谣言。"

不管是前男友的恶作剧还是谎言的掩饰。这件事彻底让传奇姐久占学院的风云榜一号。

真正被学院领导处分是因为传奇姐带着外来人在寝室里公然打起了麻将，喝起了白酒。听说那一晚恰好碰上了党委副书记来查寝。喝得醉醺醺的传奇姐一拳就将书记打成了熊猫眼。

我等平凡人只得喟叹：传奇姐的青春活得像一部偶像剧，只可远观不敢亵玩焉。

[ 3 ]

如果说传奇姐的青春是被狗吃了，那我实在是想不通学霸的青春是怎么被狗啃掉的。

当我躺在寝室追韩剧的时候，学霸姐便从大二就开始准备毕业论文的选题了。当我放假美滋滋地游玩祖国的大江南北时，学霸姐便开始留在学校找兼职。最让我羡慕嫉妒恨的是，人家不仅是个学霸还是个美女，这简直就是天理不容的存在啊！可是就是这样一个人给我发私信说：她觉得自己的青春好失败，除了读书什么事情都没做好。

等她一毕业，家里便开始给她安排各种各样的相亲。结果，每次都直接被男生嫌弃穿着老土，整个人像是从农村蹦出来的花姑娘。走在人来人往的马路上，被小卖部的老板吆喝着："小妹妹，要喝什么？奶茶？原味还是？"从她旁边傲然走过去的高中生个个都是略施粉黛的样子，学霸姐瞬间感觉自己像个初中生，那一刻她忽然悔恨当年自己没有花时间学点化妆和时尚打扮。

对此，我也只能深感无奈。毕竟上天分给每个人的时间是等同的。一个人在这等同的时间里根本无法鱼和熊掌兼得。试问又有谁的青春没留遗憾呢？

所以，趁着年轻想疯狂的就去浪，想脚踏实地追求幸福就去努力学习，反正你们都会后悔的。尽可能地选择你自己喜欢的事情去做，这样即使后悔也会心安理得："至少是以自己的方式在过。"

[ 4 ]

偶然间，我在网上看了张晓风教授在北大的一个演讲视频。她在课上问学生："爱的反面是什么？"同学们异口同声地回答："恨！"张教授摇了摇头，语重心长地说道："爱的反面不是恨，而是漠然。"

她打了一个比喻：等你五十岁的时候碰到你高中时的初恋，最遗憾的结果不是对方会跑过来扯住你的衣襟大骂："我恨你当年甩了我！"而是对方只剩摇着头反问："有吗？我当年真的做过这样的事情？"

所以，青春的遗憾迟早会被时间拍打在沙滩上。

特别喜欢张教授最后总结的一句话："既然青春是一场无论做什么都觉是浪掷"的憾意，何不反过来想想，那么，也几乎等于"无论诚恳地做了什么都不必言悔，因为你或读书或玩，或作战，恰恰好就是另一个人叹气说他遗憾没做成的"。

至此，向缺憾的青春敬礼！感谢你的不完美，让每个人的人生都那么绚丽多彩。

# 心若在享受，眼下也是诗和远方

||||||||||||||||||||||||||||||||||||||||||||||

[ 1 ]

很多时候，我们总是会被一系列的"只要……就……"欺骗：老师时常鞭策我们，只要你好好学习，就一定可以考上心仪的大学；父母经常教导我们，只要你名列前茅，以后就可以有很大的出息；闺蜜会安慰我们，只要你死心塌地地喜欢一个人，一定就可以虏获他的心。

可是，好好学习并不一定能带来你想要的大学录取信，因为总有人高考失利、发挥失常；一直学习成绩很好的学霸，并不代表就一定能够在工作岗位游刃有余，能力也会有局限；喜欢一个不喜欢你的人，再多的无怨无悔可能也只是多余的存在。

理想是美好的，现实是残酷的。我们以为只要向往、只要付出，就可以得到自己想要的，可是结果往往并不遂人愿。这个世界有喜剧，也有悲剧；有成功，也有失败。向往诗和远方的人很多，能够拥有诗和远方的人，却并不那么多。

[ 2 ]

昨天在食堂吃晚饭的时候，偶遇一个学姐。学姐大四了，正在找工作。

聊天时，她问我是学什么专业的，我说是工商管理类。她听了后说："我有个同学也是学工商管理的。工商管理是个好专业，听这个名字特别有感觉。"

"其实这也就是个云里雾里的专业，感觉太宏观抽象了。学姐，那你学的是什么专业呀？"我说。

"临床医学。"

过一会儿，她又说，"高考填志愿时，我也是想选工商管理类专业的。可是在父母的干预下，最后就填了他们口中安稳的专业——医学。"

听到学姐这番话，我可以从她的语气中明显察觉到些许遗憾。但是片刻，她眼神里的遗憾就如过眼云烟，稍纵即逝了。

我问学姐，"那你现在还后悔吗？"

"刚开始可能会后悔，但后来想着也习惯了。既然没有办法学自己喜欢的专业，那就把当下的事做好也算不辜负生活。慢慢地，我发现临床医学其实也没那么讨厌，后来喜欢上了这个专业，还小有成就。今天，我刚刚拿到了心仪医院的录用信。"学姐笑着说。

她的微笑那么从容，一如她说话时平和的语气。我可以感受到，现在的学姐是真的喜欢临床医学这个专业了，如同她当时对工商管理专业那般向往。

所以，你看，没有拥抱诗和远方，我们也不能选择苟且眼前。即便不能到达心之所往处，也要把生活过得如"秋水共长天"般宽远，彩彻区明，纤歌凌云。

[ 3 ]

每个人心里都有一个远方，那里如诗如画，落霞与孤鹜齐飞。就像时至今日的我，依然对H大学有着深深的憧憬。

记得高三时，因为看到一篇写H大学的文章，里面一段话到现在都记忆深刻："阳光慵懒地漫步在岛城的夏天，宁静，安逸。粗犷的花岗石墙壁缠满树藤，红色筒瓦覆顶，狭长的拱门一样的窗口饰以美丽的西式图案浮雕，楼内布局至今完好保留原有格局，显得既古朴典雅，又不失异国情调。"

向往大海的我当时就被那所海边的大学深深吸引，然后我也努力学习，明知那个远方特别遥远，还是想要奋斗尝试。但到最后，还是没有去到那所心心念念的学府，只好选择了现在的大学。

要是有人问，你会很遗憾没有去到H大学吗？是的，我很遗憾，因为曾经我真的非常想要去那里。只可惜，最后还是分数不够。

但我却并不后悔，至少曾经为之奋斗过；可能没有拼尽全力，可能时间太晚，但却也有所付出，如此足矣。而对于现在的生活，我也很喜欢，即使不是当时渴望的学校，但只要自己愿意，眼前的生活也可以是如诗的远方。

有时候，我们看起来并不像是命运的宠儿，因为种种因素，我们无法选择心之所向的"诗和远方"。但懂得享受生活的人，即使没有诗和远方，也可以把眼前的点滴变成如诗般美好。远方那么远，生活这么近，既是如此，就好好享受、不辜负时光吧，那么到哪里都是如诗的远方。

# 你要那么多张好人卡有何用

[ 1 ]

你曾经有多少次想当一个坏人的？反正我毫不避讳地说，我想过很多次！

小时候看电视，我常问父母，究竟白衣服的是好人还是黑衣服的是好人。那些宣扬正义的影视作品里，好人无一不是历经苦难，受尽折磨，方能感动天地，最后依赖神助或者自身顽强的意志，才得以战胜坏人。获胜的理由看似必然，实则侥幸。很多都依赖千钧一发之际的神佑，或者敌人的疏忽，或者自己莫名其妙的运气。完全不具有普适性，换句话说，如果别人来当好人的话，可能早就死翘翘了。

从那个时候起，我就想当一个坏人了。

这些满腔正义的影视作品，仿佛全程都在我们耳边低诉：当好人那么苦，去当个坏人吧！

长大后，坏人渐渐变成另外一种概念了，我也越发地羡慕"坏人"了。妖媚的女人抢走了男神，圆滑者占据了公司重要的岗位，不务正业的人腰缠万贯。

而自己呢，按照规则行事，却总是原地踏步，无甚起色。坏人的高效率、高收益，总让我眼红不已。

一开始，我担心我的思想竟然有这种可怕的苗头。后来我发现，身边越来越多的人也有同样的愤慨和艳羡，我就释然了。

我曾尝试过当坏人，最简单、最初级的是模仿。我试图学习坏人的行为方式，发现要么拉不下脸，要么就是狠不下心。或者担心因此会招致别人的厌恶，拿捏不好尺度，我没有资本，怕因此堵住了后路。

唯有在爱人面前有最大的自由度，所以我们可以心安理得地在父母和爱人面前当坏人，在陌生人面前只好乖乖地收起尾巴。这样"偏科"的坏人，并没有什么用。

后来我就尝试研究现有规则的漏洞，寻找一条向上的捷径，越研究越发觉每一条捷径都有人尝试过，尝试的人多了，后来也都补充了规则，堵了漏洞。

我试图变"坏"的过程，就像电影《功夫》里的阿星一样，费尽心机想当个坏人，最后还是不得不当上了一个好人。

我发现，很多时候，我们并不是想当一个好人，而是自己只能当一个好人而已。

我们常念叨着好人有好报，可我们却从不相信这句话是真理。对坏人心生向往。

坏人往往坚决，果断，冷血，会谋划，有狠劲儿，有原则。每一项都是高效的品质，每一处都那么锐利、不通人情。你觉得他坏，却拿他没有办法。

[ 2 ]

我曾经谈过一场恋爱，几乎耗费了我所有的精力。她说一句头疼，我就能火速赶到她楼下。她想吃炸鸡了，大半夜的我跑出去买。她单位临时需要一份报告，我熬通宵帮忙做出来。她一句谢谢你亲爱的，第二天继续上班依然能精神倍发。好几次约会，定好了时间，我苦等了三个小时，她才姗姗来迟。她才说一句不好意思，我就原谅了她。

可有一次我不舒服，躺在床上休息，手机调了静音。因此未接到她的电话，没有及时开门，导致她在门外等了十五分钟，她就和我闹了分手。她对外宣称我把她锁在外面，这样的男人不要也罢。那一段时间我还陷入了深深的自责，天真地觉得我再努力做得更好一点，或许就能挽回她。结果只是徒劳。

后来发现，我当了一回好人，连个好人卡都没领到。

直到最近我见识了一些"坏人"的撩妹技巧后，才彻底醒悟。我们通常所说的男人的好，大概都是与老实、踏实、贴心、付出有关，可惜，这些并不是什么高端的品质，辛苦而又低效。

我们也想过使自己变得有趣、浪漫、性感甚至邪魅，可是都做不到。这些要么需要天赋，要么需要大量针对性的后天训练。他们比较过方案，还是被当坏人的难度和不确定性吓到，安心地选择当一个好人，毕竟这是一条思维简单，程序单一，只用靠流汗就可以致富的路。

这条路虽然安全，但太过低效。我们眼红别人，一个眼神就胜过自己千万句体贴，一句情话就KO了自己几个月的端茶送水。

强大的不平衡感，让自己不自觉地站上道德高地，指摘别人道德低下、轻浮下流。一想到现实的不如意，就不自觉地陷入自我感动的情绪中，恨世界不公。

就像我们虽然体恤农民工的辛苦，但内心知道，他们只能选择体力活，只有这条路走，并无更好的选择而已，与高尚无关。

你是个好人，有时候明明是因为你弱而已，你还爬上了道德高地，你有什么可骄傲的。

## [3]

现实中，我们都喜欢文弱老实的好人。因为人是趋利避害的，好人能够让出自己的私域，提供福利。所以，我们尽管不甘心自己当个好人，但是我们还是希望别人当好人的。

我们喜欢与好人为伍，却不愿被好人领导。既心有不甘，又觉得没有安全感。

如果你好人当腻了，就尝试做一做坏人吧！尝试着去做一个自私的人！告诉自己，你不用取悦任何人。你也有你的需求，你也有你的原则。属于你的，拿回来。若即若离的，斩断它。你憎恨的，远离它。嚼你的，不理它。从今天起，做一个光明正大的坏人。

# 善待自己和他人

请不要灰心，

你也会有人妒忌，

你仰望得太高，

贬低的只有自己。

只要坚定这是更好的自己，

哪怕万人阻挡，

我又何必投降？

# 别无限制放大了你的苦难

||||||||||||||||||||||||||||||

[ 1 ]

参加工作第一年的时候，我经常在下班的时候回到家里的楼下吃麻辣烫，一是因为薪水不高，这样一顿在城中村大排档的晚餐很省钱，二是可以顺便满足我喜欢吃各种蔬菜的需要。

刚开始我会约上一个女生同事H小姐跟我一起，这样也不至于太过孤单。

只是有一个奇怪的现象就是，每次我们吃着麻辣烫聊天的期间，H小姐总会告诉我一句，你知道吗？我觉得我都不配吃这一顿饭。

我问为什么。

她回答，我爸妈现在在外地打工，一想到他们这么辛苦，我就很心酸。

我于是安慰，他们有他们的不容易，但是我们的生活也要继续过是吧。

H小姐继续说，可是我一难过就吃不下，这该怎么办？

我第一次被这样的话噎住了。

虽然我说不出来感觉，但是那顿饭吃得我很难受。

后来在公司吃午饭的时候跟H小姐一起拼桌，每一次她也都必定唉声叹气一句，你看我坐在这么舒服的办公室里吃饭，可是我爸妈一天三餐都吃得很狼狈而又不体面，我觉得自己太没有用了！

……

## [ 2 ]

时间久了，我就渐渐地躲开了跟H小姐一起吃饭的机会。

年底的时候公司组织去海边举办晚会，统一订的是海边的酒店，两个人一间，我跟H小姐分到了一个房间。晚上活动结束的时候回到酒店，我打开了空调跟电视，因为带了精油准备泡澡，于是我去卫生间的浴缸里开水。

就在流水哗啦啦地响起来的时候，H小姐问了我一句，你不觉得我们现在很奢侈吗？

我想都没想就回复了一句，这是公司的福利，也是我们辛苦一年的收获，再说酒店已经付过钱了，这些设施我们都是可以用的呀！

这番话说完，H小姐突然很严肃地跟我说，你看我们住在这么好的酒店里，这么舒服的大床，可是我一想到我爸妈在工厂里住着简陋的员工宿舍，我就觉得自己在这里游玩得不安心。

也是在这以这一刻我才意识到，以前我觉得H小姐只是因为成长环境造成了自己的自卑心态，这一点我可以体谅。但是经过这一夜之后，我突然意识到，她的思维已经不仅仅是单纯的负能量了，而是扭曲到有点自我加重痛苦的状态了。

什么叫作自我加重痛苦？就是无限制地放大痛苦本身，以至于甚至影响到了自己的日常吃喝拉撒睡上面了。

## [ 3 ]

这种状态我经历过，而且持续了近十年。

我父母都是事业单位的员工，在我上初中那一年两人就下岗了。因为没有其他的谋生本领，加上我父母吃惯了大锅饭的思维释然，也没有多少经商的头脑，于是只能靠熟人的引荐做一些体力活，收入也不过几百块。

这个收入可能跟更加贫穷的山村家庭来说不算可怜，但是就我们家庭这个个体的发展而言，相当于是一夜之间发生了翻天覆地的变化。

没有了正常的收入，于是从那个时候开始，我就觉得家里的气氛开始变得很沉重，我第一次意识到了什么叫作贫贱夫妻百事哀。

我父母并不是那种格局观比较开朗的人，家里穷就是穷，他们会赤裸裸地告诉我，从来没有考虑我那个年纪的我能不能消化，价值观会不会受到影响。

也是因为这样，我开始了漫长的自卑成长期。

每一次开学的时候，我都会被告知，这一笔钱是向谁谁谁借来了，也不知道你明年还有没有机会再去读书了。

每一次我想买一件新衣服的时候，我妈就会告诉我，如果是以前有固定工资的时候，我一定会马上答应你，可是今日不同往日了……这段话的意思就是，我要体谅他们的不容易。

这样的小细节还有很多，所以长时间的贫穷冲击之下，我每次在学校上学的时候压力很大。

考试成绩不好的时候会自责，这种自责不仅仅是因为自己的不够细心认真，而是会无限地被放大到：我的父母辛辛苦苦送我上学，我怎么可以这么不争气？

后来到了大学，因为见到了更大的世界，所以格局观跟价值观也被冲击得七零八碎。每次跟同学一起出去游玩的时候，我就会很自责，觉得家里的父母很辛苦，我应该做的事情是认真上课，剩下的时间就待在图书馆里好好复习。

也就是说，我觉得我自己配不上跟那些同龄人一样的，可以参加社团、可以学一门乐器，可以出去聚餐、可以去唱KTV等等一切的休闲活动。

在别人眼里这些再正常不过的大学生活，会让我有一种负罪感。

## [4]

回到前面那个女同事H小姐的种种行为，活脱脱的就是当年的我，我试图安慰以及帮助过她，但是她自己始终无法走出来，所以后来的日子里，我只能选择慢慢地疏远了她。

前段时间网上有个观点很流行，"父母尚在苟且，你却在炫耀诗和远方"。

说的是一些家境一般的学生党，看到别人游山玩水便心生羡慕，但是因为还没有经济独立，于是义正词严地向父母伸手要钱，并美其名曰："生活不只眼前的苟且，还有诗和远方。"

这个观点我是赞同的，并且延伸下来可以给出相同的参考逻辑。

比如一个要父母贷款几十万元出国留学读博士的人；比如家里一贫如洗自己还要考研究生的人，或者是高考复读了很多年也要死磕非要上重点大学不可的人，还有想买个上万块钱的奢侈品的人。

这些案例里的主角，我给出的建议一般都是否定的。

家里处于收入很少甚至贫寒的人，在有了一定的教育文凭下，最好是先就业再谋发展；高考很多年都没有考上理想大学的人，如果有另外的调剂机会也可以接受。

我们是要追求梦想，但是你也要学会及时止损，你要明白什么部分是耗不起的。

至于那些只是为了所谓的虚荣心要买一些大牌来装气质的女生，我有时候也会为她的父母感到悲哀。

虽然我知道钱在她手里我没有资格评价她怎么用，但是我希望传达出来的价值观是，在自己收入没有多少的时候，勉为其难地追求所谓高大上的品位是没有什么必要的。

也就说，我并不鼓励盲目地提前消费，以及用父母的艰辛付出与苟且作为自己虚荣生活的代价。

[ 5 ]

但是另一方面来说，我也并不提倡被父母的艰难生活作为道德绑架，就像我的同事H小姐一样，时时刻刻沉溺在一种极度的自责心态中。

你可以在心里体谅家人，你可以默默积攒力量，但是放到具体的生活跟人际交往中，一味地描述以及强调贫穷跟苦难这件事情，就会跟H小姐一样，成为那个在聚会上、在饭局里让我们觉得扫兴的人。

前阵子我收到一个女生的留言，说的是自己读大专，马上面临是升本还是出去找工作的选择。女生说因为觉得父母老了，觉得他们很辛苦，心疼万分，于是不想再向他们伸手要钱，所以非常急于出去挣钱养活自己。

"不想再伸手管父母要钱了。"这是大部分大学生以及年轻人都会考虑的一个问题。

我们都知道大部分的中国家庭里，我们的父母谋生都是比较辛苦的。

无论是做生意还是有稳定的单位，只要不是大富大贵型的人家，大部分也都是过得节俭而克制的，于是等到自己长大以后，当然也能体谅到父母的不容易。

但是我想表达的是，仅仅游浮于表面上的痛苦跟自责，是没有任何意义的。

拿我自己来说，当年读书的时候，每一次当我拿着到处借来的学费去学校报名的时候，我没有一次不在心里恨过自己，并且无数次地在心里想着，我不要再花我父母的钱了，我要外出打工，我要改变家里的环境。

这种情绪积攒到大学的时候开始迸发，我一次次地怀疑读书这件事情有没有用，上大学有没有用，我带着很沉重的负罪感过了四年的生活，我非常的不快乐。

## [ 6 ]

最极端的爆发点是我工作第二年的时候，我妈因为高血压脑充血昏倒，然后被送进医院。我是事后才被告知的，所以可想而知我有多自责，特别是放大到万一这一次就是永别的念想，这种感觉让我很后怕。

可是痛苦归痛苦，还是熬了过来。

我的解决方式并不是马上辞掉深圳的工作，然后回去一直守着我妈。这种孝顺是短暂的，也是痛苦的。

因为如果我做出了这个选择，意味着我的收入会减掉很多，生活会过得更艰难，并且有可能会放弃了我想要的人生。

我选择回到深圳更加努力工作，赚更多的钱，于是有了更多的假期以及路费回家，于是给家里换了个大房子，于是帮我爸妈买了保险，现在他们有了退休金。

老人家操心的部分少了，身体自然也好了起来。

对于我而言，这才是具有实际意义的孝顺之道。

很多人都在孝顺父母跟选择自己喜欢的方式过一生的逻辑里陷入两难，我一般给出的建议不是以父母为先，而是要以后者为先。

也就是说，你得先明白自己的生活想怎么过，然后再用自己的能力去尽孝。

这些事情没有人会帮你解决，你要么迎难而上，要么一拖再拖。在尽孝跟追求自己想要的生活这两者之间，我已经做出了我能够努力的部分，我问心无愧。

经过这一件小事之后，我以前经常纠结的状态就慢慢调节了过来，于是也开始平和了起来。

这种平和体现在，我知道我的父母正在慢慢老去，我知道我要努力奋斗才能赶得上他们老去的速度，我知道我要挣更多的钱去改善家里的境况，这种报答报恩之情，我是一直放在心里的。

但是我不会时时刻刻想着这件事情，有时候我会淡化掉父母过得不容易这件事情。因为上升到人生长河的大格局上来说，众生皆苦，我的父母也不过是这受苦中的一员，这是这个世界里很公平的一件事情。

这个思维角度很有用，它会让我在花钱的时候学会理性规划跟克制，让我看到其他同事各种扫货跟旅行游玩的时候，不再让我有羡慕嫉妒的心态，而是会告诉自己，我的自主选择权可能要晚一点，不过没关系，我愿意等。

这个思维角度的另外一个好处，就是我开始学会了享受当下。比如说我辛苦了一阵子给自己一顿大餐、几件新衣的犒劳的时候，我的出发点变成了这是我理所当然可以得到的部分，而不会突然跳出那个"我的父母还在受苦，我不能这么浪费"这个扭曲的逻辑上。

我学会了接受苦难，但是我并不会放大苦难。

作为一个成熟人，我们应该知道任何事物都是有两面性的，苦难也一样。

苦难在积极方面的意义就是可以磨炼一个人，让你变得更加强大。但是另一方面就是，如果你不能适应苦难，你陷入了时时刻刻讨伐自我的极度痛苦中，那你就会被它彻底绑架了。

## [ 7 ]

知乎上经常探讨穷养孩子跟富养孩子的话题，我一直觉得这个主题很大。

就我个人的成长经历而言，我觉得将来养育自己孩子的时候，我不希望告诉他父母挣钱很辛苦所以你要对得起我们，我更想给他传达的观念是，我们挣钱不易，所以才更要学会珍惜此刻当下的一切。

一边解决生活难题，一边吃好睡好认真享受人生，这样的生活才是不扭曲的，这才是我们平凡人的理性生活方式。

亲情从来都是我们这一辈子最甜蜜的负担，尤其是跟父母的恩情部分。每一代人的传承都有无数的苦难跟琐碎的艰辛，我们觉得自己对父母的报答还不够，就如同我们将来的孩子也会觉得报答我们的恩情还不够。

如果可以的话，我希望自己将来成为一个比较独立的母亲，也就是我付出养育孩子的物质跟心力，这是我一开始在他出生以前就做好的选择。

这是我心甘情愿的选择，所以我并不希望这一切会成为孩子的负担。

我生你，我养你，我愿意。

你报答，你感恩，我感激万分。

回报父母的最好方式，是你自己过得好起来，你得先成为你自己。

# 跟靠谱的人做朋友

|||||||||||||||||||||||

## [ 喜欢是靠不住的 ]

许多人，在人际交往中会无意识地强求别人的喜欢。所以他们的精力经常放在如何提高情商上，喜欢猜测对方的喜好，照顾别人的情绪，每天出门前照镜子：我这样得体吗？可爱吗？别人会喜欢我吗？

这种人际交往方式，成本很高。

因为"喜欢"是一种感觉，一万个人有一万种感觉，你必须让自己适应不同的人、不同的感觉，在每个人身上花费不一样的心思。并且最终，他们喜欢的，可能也并不是你这个人，而是你在他们身上花的心思。

我有一个合伙人，人品好、执行能力强，最近我才知道，很多人都来挖过她，并且来挖她的，都跟她私交不错。

自认与她关系好，她们想当然地觉得温情牌有用。今天从国外给她带个包；明天送她一盒自己包的饺子；后天又拿一堆韩国护肤品的小样给她。

我很好奇，为什么她选择了我，因为我们其实看上去没那么亲密。"因为只有你明确告诉我做什么、怎样做，赢利目标，以及超出目标后，我可以得到什么。你的专业素养让我信赖。"

所谓专业素养，就是靠谱吧。

## [ 靠谱，我才愿意和你在一起 ]

我想起另外一件事。有一个我不怎么喜欢的姑娘，阴差阳错地与我一起出门旅行。

在高铁上，我抱怨车厢里熊孩子太多，很吵，睡不着。她立刻耿直地说："这有什么？"迅速递给我一个小袋子，里面装着一副发热眼罩与两只防噪音耳塞，是她的出门必备。

从此，这两件宝物也成了我的旅行必备。

那一路，我对她黑转粉。她是我见过的最懂生活的人，凡事安排得井井有条，跟她旅行过一次，你会发现过去的所有旅行都是将就。与她一路上带给我们的靠谱、安稳相比，她性格的缺陷根本不是事儿。

她不关注别人喜不喜欢她，全部的精力都用在钻研如何花很少的钱，过很有品质的生活上，她成了这方面的专家，身边从来不缺朋友。对于绝大多数没有天生长着一副可爱脸的姑娘，成为一个做事靠谱的人，是成本。

最小的人际交往方式，同时风险最小。

## [ 与聪明人聊天，同靠谱人做事 ]

有些人，很讨人喜欢，但不能深交，尤其不能共事。刚认识，你觉得天哪天哪，怎么有这么可爱的人，几件事情过后，就成了天哪天哪，怎么有这么不靠谱的人。

可爱是他们的通行证，得到好感太容易，往往就忽视了专业魅力的培养。

"与聪明的人聊天，与靠谱的人做事"。能因为喜欢你，而容忍你的不靠谱的人，是一双手就能数过来的至亲好友。

人际交往非常现实，人们关注的不是你是谁，而是你能给我什么。你不必为了他人而改变自己，但你也不能一无所有。

## [ 这是一个趋利又公平的时代 ]

你不是人民币，不可能人人都喜欢，何况今天喜欢你的朋友，明天可能因为一件小事与你反目。

单纯的情感维系需要投入很高的成本，却稳定性很差。温情、友好、善良，不仅很容易被取代，也很容易因为一件小事的不够周全，而前功尽弃。

我们对于温顺的好人总会更加挑剔。就像对于仅仅只有美貌的人，很容易失望，所谓"色衰而爱弛"，你是美女，怎么可以有皱纹！

在人际交往中遇挫的人，最重要的不是提高情商，而是提高专业能力以及在某一个领域的不可替代性。即使你是一个跑龙套的，也拜托不要迟到，不要演个死人还眨眼睛。

这是专业为王的时代，对你无感的人，可能因为你煮了一只时间精确到秒的美味温泉蛋，而愿意跟你一起玩。

这是趋利而又公平的时代，挑剔的人可能因为你每件小事都做得靠谱而选择与你合作。

## [ 你不喜欢我，又想跟我做朋友 ]

约会从来不迟到；AA制从来不拖延支付；答应别人的事，付出百分百的努力去做；拥有专业技能可以帮助别人，以上种种，都能为你带来很多真朋友、好合作。

除了喜欢你的人，会跟你做朋友，尊重你的人，也会跟你做朋友。前者很难把控，基本靠命，后者是我们依靠努力可以达到的。不要总拿情商说事儿，你看小区花园里的小保姆，都是每天不重样地分享家务小窍门的那个，最受欢迎。

比"你不喜欢我，又打不死我"更牛的是，你不喜欢我，又想跟我做朋友，因为喜欢的人易寻，靠谱的人难找。

# 每一天都是特别的一天

ΙΙΙΙΙΙΙΙΙΙΙΙΙΙΙΙΙΙΙΙΙΙΙΙΙΙ

[ 1 ]

一上班，接到前同事Z的电话，絮絮叨叨抱怨了一通：领导太笨，自己设计的东西他根本看不懂。老板太假，对他一点都不真诚，真后悔跳槽去了那里。同事太讨厌，不能和他们愉快地玩耍。总之一肚子负能量，一股脑儿倒给了我。

挂掉电话，我原本灿烂的心情，戚戚然晦暗起来。一大早的，收些垃圾，恨不得摔了手机！

Z本来也算颇有才华，只是他眼里总看不到美好的东西。

当初他与我在一个办公室上班，整天为鸡毛蒜皮的事愤愤不平。就算别人觉得很好的一件事，他也会说出一大堆抱怨的话。这不好，那不对，整个一男版祥林嫂。

看着Z那张苦瓜脸上不停蠕动的嘴巴，我都有给他用胶带粘上的冲动。

有人说，大雨过后有两种人，一种人抬头看天，看到的是雨后彩虹，蓝天白云。一种人低头看地，看到的是淤泥积水，艰难绝望。

Z就属于后者，我敢说，他走到哪儿都一样，心态这么阴冷，他的日子一准都是阴雨连绵。

我是做HR工作的，更喜欢录用第一种人。

那些阳光开朗积极向上的人，不仅能把工作做好，也能把普通的日子经营得诗情画意。

[2]

我的同事C，前年大学毕业后被我们公司录取。他性格温和，脸上似乎永远都挂着笑容。我们之间也没有太多交流，也就偶尔见面点点头打个招呼什么的。

"六一"时，他竟然拿着一盒小朋友喝的乳制品来到我办公室，说是送给我的节日礼物。C放下礼物，不好意思地说：姐姐，希望你天天开心，年年都过儿童节。

那天，我刚刚和公司的法律顾问因为工作上的事，在电话里吵了一架，心情暴躁而郁闷。看到礼物我笑得前仰后合，怒气立刻烟消云散，心情好到了极点。

过了几天，我在微信上嘚瑟自己过生日。C又送来一支钢笔，说是给我的生日礼物，以后我出书时签名用。这一次我没有笑，心被暖得只想哭。

正好不忙，我就和他聊天，问他怎么这么可爱又有趣。他说，这遗传于自己的妈妈。妈妈没有工作，全家只有爸爸一人上班养家，日子并不富裕。可是，妈妈总能把日子过得快乐而有暖意。无论何时，回想和妈妈在一起的日子，都是嘴角上扬。

村上春树说，没有小确幸的人生不过是干巴巴的沙漠罢了。C的母亲一定是能够经常发现小确幸的人，才把日子过得行云流水，美好而温暖。

## [ 3 ]

其实，这个世间根本没有绝对幸福的人，只有不肯快乐的心。

我的朋友圈里，有一位近五十岁的大姐。她丈夫几年前去世，女儿在外地上大学。更多的时间，她一个人生活。我一直以为她的日子是凄风苦雨，可是，和她交流过几次，发现是我想多了。

她也喜欢写东西，和我学了怎样建微信公众号平台。她写文非常勤奋，一周能更四五次，而且写得越来越好。她经常和我分享她的快乐：亲爱的，我的公众号开通原创了；亲爱的，我的一篇稿被大号转载了；亲爱的，我的粉丝过千了……

每一次，她带来的喜悦，都会让我心情大好。

昨天，看她微信签名更新为：做一个温婉的女子，并且相信海誓山盟。我微笑，姐姐一定是遇到爱情了，怪不得这些天没和我聊天。心里默默为她欢喜。

青春年少时，我最仰望的是那些活得鲜衣怒马的人。经历了太多世事后，才发现，最打动人的其实更是那些热爱生活，哪怕给他一片废墟，也能建成一片城池的人。

就像因"褚橙"再次走入人们视野的褚时健。75岁时承包了2400亩的荒山，开种果园。他所承包的荒山刚经历过泥石流的洗礼，一片狼藉，当地农民都不愿意开垦。困难面前，他并没有退却，在他八十岁时用努力和汗水把荒山变成了绿油油的果园。

把很多人眼中已经看到尽头的晚年，过得热气腾腾。

## ［4］

生活，与我们就像礼尚往来的朋友。你赠它木桃，它会报以你琼瑶。可是，你若给它愁眉，它一定会报以你苦脸。

而那些俯身可以相拥的，低头可以相吻的每一个"今天"，就是我们的生活。

莫言说：每天早上睁开眼睛时，都要告诉自己这是特别的一天。你该尽情地跳舞，像没有人看见一样；你该尽情地爱人，像从未受过伤害一样。

是的。带上爱情，带上鲜花，带上那些动听的歌和曼妙的曲，去度过每一天、每一分、每一秒吧。

就算是冷日子，也一定会变得有温度、有希望；温日子呢，也一定会变得更加温暖明亮。

# 何必对自己那么一毛不拔

ⅠⅠⅠⅠⅠⅠⅠⅠⅠⅠⅠⅠⅠⅠⅠⅠⅠⅠⅠⅠⅠⅠⅠⅠⅠ

过年的时候，和姐姐出游。我们在景点里看到一个卖花环的小贩，二十块钱一个花环，戴在头上在阳光映衬下，好生漂亮。

我姐姐想买一个花环来戴，我却劝阻她："别买，二十块钱只能戴一次，太不划算了。"

在我的阻拦下，她没买花环。但是，接下来的行程中，我见她频频看向别的女生发间的花环，眼神犹豫，似乎很后悔刚才没买。当我们再次碰见一个卖花环的小贩时，已经快要出景区了，买来戴已经没什么意义。

我感觉得到，姐姐很遗憾刚开始没买下那个花环，那样便可以美滋滋地戴着花环边逛边自拍了。

这么算下来，区区二十块钱，便可以换来一下午的幸福感，多值得呀。景区里的一个花环，或许是贵了些，也不算实用，但能换来当下的喜悦啊。

这世上实用的东西很多，而幸福感，才是珍贵稀有的。

我在没认识我的朋友优优前，完全无法理解那些背着LV包包挤地铁的小白领。在我眼里，她们只是虚荣心作祟。

和优优的相处，完全改变了我对这些姑娘的看法。优优会和我一起去吃店铺简陋的阿宗面线；她大学四年，在快餐店做了四年服务生；工作后，为了买日用品实惠些，宁可走远路去全联买，也不在7-11就近解决；她甚至会站在货架前，拿着好几款抽纸用手机计算器比价。

就是这样斤斤计较的她，从牙缝里攒出余钱，咬咬牙买下一个轻奢品牌的包包。

我问她，为什么工资不高，也要买很贵的包包？她笑得贝齿闪亮：

人生已经够艰难了，我需要给自己一点犒劳啊！

我喜欢她的坦率和简单。

辛苦工作、努力生活的她，就是想买点昂贵又美好的东西，奖励自己。这没有错，这很好啊。

母亲节，我在网上下单，送了妈妈一捧玫瑰。

我妈收到花后，幸福地发了朋友圈：这是我今生收到的第一束鲜花——谢谢宝贝。

我看了，心里又感动，又愧疚。这么多年来，我竟从没有送过她一束花。记得有一次，我母亲跟我感慨，她朋友的老公又送了妻子一捧玫瑰花，而她活了大半辈子，还从来没有收到过花。

当时，她特意把朋友圈里朋友晒出的照片给我看，羡慕之情写在脸上。我心里有些酸楚。我爸不买花，我也可以买花送她呀。可是，每次到了母亲节或她生日，我又会想：几百块钱一捧花，放个几天就谢了，太不划算了。于是，每每就此作罢。没想到，这竟然成了母亲一直惦念的遗憾。

我昨天送她一捧玫瑰，她这个很少发朋友圈的人，第一时间晒了照片，可见她有多激动。

花两百块钱买她一个开心，多么值当！

我想起五一假期，和男朋友旅行，从寺庙出来，路过一个卖花的摊点。他一时兴起，要买花送我。我忙劝他："别买，花有什么用呢？"

他笑着把花递给我："买来哄你开心啊。"

一瞬间，我觉得很心动。

曾看过欧亨利写的一个故事，《麦琪的礼物》。

圣诞节前，为了给丈夫买一条白金表链作为圣诞礼物，妻子卖掉了一头光彩夺目、珠宝黯然失色的秀发。而丈夫出于同样的目的，卖掉了他十分珍视的祖传金表，给妻子买了一套发梳。

尽管，彼此的礼物都失去了使用价值。但他们获得了比礼物更宝贵的东西——无价的爱。

那些美好的东西，承载的都是满满的爱呀。

对比之下，我发现，我欠以前的自己、欠自己爱的人，好多好多的幸福感。

我努力地赚钱省钱攒钱，却舍不得给自己买一个心仪的钱包，舍不得为母亲买一捧花、一套化妆品……

优优搬用了一句经典名言开导我：

每一次你花的钱，都是在为你想要的生活投票。

你愿意为那些美好和浪漫付费，你便值得那些美好和浪漫。

有时候，我们买的不是一个包包、一支口红，而是对一种生活的憧憬，是在奖励认真生活的自己。

同样的，爱你的人，送给你的，不是一束花、一套发梳，而是一份真情。珍惜那个不惜金钱只为哄你开心的人——不是因为他有多舍得，而是因为在他心里，你值得。

我们之所以会花钱买点贵的东西，是因为我们憧憬着更好的一切。

总是舍不得款待自己，会把本该丰盈美好的人生，榨干成干巴巴的沙漠啊。

明天，对自己大方一点吧。

# 请不要灰心，你也会有人妒忌

||||||||||||||||||||||||||||||||||||||||||

王珞丹在回忆童年时坦诚地提到："我确实没有天赋，但是，我也能更好呀，我就是这么个笨笨的很努力的自己。甚至，每一个人，都不可能成为优秀的别人，但是可以成为更好的自己。"

这句话很是激励我。

当我还在前往大学的路途上，得知我的一个好友即将作为新生站在开学典礼上给将来的同学做演讲，如果换成是我定也会像她一样手足无措，紧张自不必说，但那个羡慕呀仍无法言表。为他人的优秀感到高兴的同时也带着几分失落，我踏进了大学校园，仿佛感觉自己输在了起跑线上。如今想起来，那哪儿是起跑线呀，一切都还未开始，可我已把他人第一步成功当作了我的第一个目标，于是接下来的道路总在追随他人的脚步。况且，对年轻人而言，真正重要的那几步往往不在起点，而在转折点。

当我们学校的组织、社团还没有忙活起来时，又得知一个好友已经通过了她们学校校报、学生会、文艺团等等的面试，瞬间感觉她的身上闪耀着无限光芒。于是我在网上查阅各种面试技巧，以为能说会道很受欢迎，便报了很多组织的外联部，每次面试都试图把自己伪装得八面玲珑、热情开朗，却在电台面试时被拆穿。学姐的一道考题告诉我，面试更需要的是真诚，永远不要否认和逃避真实的自己，任何一个职业都需要多样化的性格，当你满脸微笑地放下芥蒂、展示自己时，这份自信来自对自我的认可，这是超越任何技巧的真理。

前不久得知她作为全省唯一一个人被挑选出来参与2015西藏支教活动，全国也就15人。其实寒假时就得知了她的计划，并被劝说共同参与，可我始终无动于衷，一是觉得当自己的世界不够充盈时不要试图去提升和改变他人的生活，二是西藏这样神圣的地方也不是我如今的层次能够体会的。明明理性告诉我这不是我渴望的，感性又促使自己去羡慕他人的光彩，羡慕的不是这趟西藏征程，而是那种脱颖而出。其实，我们应该始终相信自己能行，面对一样渴求的东西，无论竞争者多少，只要你在这方面足够出众，就能发出光芒。而你至今仍默默无闻的原因，一是因为你没找到内心真正向往的，二是因为你从未为这种向往坚持不懈。

最近和院书记聊天，我无意中说道："看着身边有些人……"话音未落，他便打断了我："不要总看着别人怎么怎么样，再耀眼的生活都是别人的，重点是你要学会找到自己内心的闪光点。我女儿现在参加工作了，每天过得很累很累，是身体累吗？不是，是心，每天早上起来都不知道自己要的是什么，年轻人总是要花很多时间去学会取舍。"过来人们总能很轻易地听到自己内心的声音，并且顺从它。

他问我："读大学是为了什么？"

就像每个大学生的答案一样，我说："培养能力。"

"那你认为你现在具备了这种能力吗？"

我说："好像没有。我没有当上什么部长，也……"

他再次打断了我（书记就是这么任性）："不，那些都不是能力，能力是不断挖掘潜力。我高二便觉得自己很适合做学生教育工作，于是从团支书做到团委、党委、书记，这是我的潜力。或许有些人很快挖掘到了，并且是他人羡慕的，但不代表这就是属于你的。你要学会自我挖掘。"

事实是，在受到好友的刺激，我加入了一些校组织、社团后，干到一半就退出了，在与自己的性格、心灵磨合的过程中，我发觉自己渴望的生活是那种不断充实自我的纯精神性世界，折腾来折腾去，我最终还是回到了这个看上去的原点。可这代表我没有进步吗？当然不是，就像一个人的成功不能用金钱来衡量一样，一个人的成长也不该靠组织、职位、人缘来寻求安全感。

只要坚定这是更好的自己，哪怕万人阻挡，我又何必投降？

不知道这些又是否是曾经困扰你的呢？最后送上夕爷的歌词，刻在课桌上激励了我的高三岁月："请不要灰心，你也会有人妒忌，你仰望得太高，贬低的只有自己。"

# 我就是爱那个简单而真诚的自己

||||||||||||||||||||||||||||||||||||||||||||

某天，约思洋见面，我说，最近压力很大，夜晚经常失眠，面临工作和生活选择，也不知应怎么办。总之，一团糟，我应该如何打破这困局，快点帮帮我吧！

思洋说，你现在的困境是什么呢？

我说，很多事情放不下，内心总是很悲伤，或不知道该怎么选择，怎么走下去。

他给我讲了一个故事——有一个实验，说你去试着吃一个漂亮的苹果，却发现它内里已被虫子吃掉了一部分，有人会沿着其他没被虫子吃掉的部分啃下去，有人会直接把它丢了，那么，你的选择是什么？

我说，我属于前者吧。

思洋说，所以你会纠结，放不下。我们应该具备丢掉一个坏苹果的能力，至少敢说，我不想再吃，说我敢，就是理性支撑你做决定的时刻，但你大部分时间都活在感性的世界，握着那个坏苹果，不知如何放弃，也不知如何选择。果断一些并没什么坏处。

思洋说，在上一份工作中，他所在的部门换了一个主管，脾气暴躁，好像不太喜欢思洋。在一次会议报告中，主管第三次否定了思洋的提议。思洋问他理由是什么，他说没有原因。

这个回答激怒了思洋，他径直走到了人事部，申请辞职。尽管主管事后很后悔，想挽留他，他却毅然决然地走了。

假如是我，我肯定不会那么果敢，我会纠结，会去和主管沟通，然后再选择离开，可是这个过程会很长，所以，我会一直处于一种受伤的状态，我会不断地猜疑主管，也会不断地质问自己。思洋却会当机立断，绝不拖泥带水。其后，思洋有一段时间一直空闲在家，没有找到合适的工作。他每天专心养花。

我问："你会后悔当初的决定吗？"

思洋说："会，有时也觉得自己挺莽撞，但这样就没有回头路了，只能往前走。你得学会告别过去，丢掉那个坏掉的苹果，尽管它看上去很漂亮，但它的确被虫子咬了，你不嫌弃它，或许你的胃不喜欢呢！"

原来，告别过去和迎接未来是不同的步骤，但告别过去，绝对是迎接未来的前提。我们需要那么一点点勇气，就像爱丽丝一样，站在兔子洞的洞口，眼前都是未知……

我最喜欢的那本书就是《爱丽丝梦游仙境》，很羡慕爱丽丝，她身边好像有无数个兔子洞，跳不完，经历不断。她只需从一个洞口跳进去，就能发生不同的故事。大部分时间，我就是停在洞口的爱丽丝，我不知道跳下去意味着什么，会遇见什么，所以踌躇不前，犹豫不决。

我不断警告自己，是时候需要一些勇气了，终于跳下来的那一刻，才发现跌入了人生谷底。在那谷底，我整夜哭泣，需要安慰，我一遍遍在黑暗中行走、摸索、失眠、痛苦，就这样长达两个星期。

这两个星期以来，我请了假，把自己锁在了房子里，把窗帘拉上，在房间里看书、写字、抄心经，做这些时，我的内心依然悲伤，我很怕光，怕光照到我身上，那样会让我更低落。直到第十六天时，我病倒了，必须要出去。

闺蜜来找我，她心疼我，躺在我的身边，拉着我的手，带我走出了那房间。就在我看到第一抹绿时，我内心居然排斥这风景，觉得这风景像是对我的讽刺。

闺蜜说，她结婚时，为了给前来祝婚的亲朋好友做点伴手礼，便买了基皂、精油、香精、礼品等，她打算做一些手工皂。她的妹妹得知了这个消息，为她准备了一些白玫瑰，可当她拿到手的时候，白玫瑰已经枯萎，于是，她摘下还算完美的白花瓣顺手夹进了一本书里，她想让纸张吸干水分，等这些花瓣干的时候来点缀透明的香皂。但她又不舍得那些颓萎的花瓣，于是，她把它们也顺手夹在了书里。

再次打开书，当初乳白的花瓣已泛黄了，而那些颓萎的花瓣却变黑了，她很沮丧，也很恼火，因为一起变黑的不只那些花瓣，还有她那本心爱的书。当初，她不舍得丢弃的花瓣，居然把整本书都弄脏了，她是多么后悔，为何当时没能立刻丢掉那些颓萎的花瓣！

她说完，突然感慨，人呢，总有一些难忘的记忆，他们就像这白玫瑰，外表光鲜的花蕊外面裹着的却是不光彩的记忆。成长路上，或许我们得时常舍弃一些东西，把不好的记忆都抛在脑后，才会走得更好。这样，等我们老了，记住的永远都是美好的人与事物，那些坏人给我们的噩梦，早已随风而逝……

我看着那药水一点一滴地流进我的血管，然后顺着血管流遍我的身体，我把它们想象成无数的能量，似乎可以重新支撑我的意念、我的世界。我回首了远走的时光，儿时喜欢在阳光下捡树叶的自己，高中时寒窗苦读的时光，大学毕业时那次地震，我曾住在操场上一个月，我夜夜祈祷，曾暗想以后若过上现世安稳的日子，写下一排要实现的理想。如今，8年过去，那个夜晚写下的梦想，我真的都实现了。

在那么一无所有的情况下，我都能打开自己的世界，为何，在今日跌倒，就觉得自己再也爬不起来了呢？一阵风把窗帘掀开，我看到外面一片绿，生机勃勃，那是生命的绿。谁都不知道，我有多么兴奋，就是那绿，让我潸然泪下。

我爱你，我爱自己，但我更爱这个世界，以及它变化的常态。我不愿长成那个满脸漠然且一脸忧伤的大人，我要热爱生活，时时刻刻。我要站起来，接受结果。我爱选择，因为它让我认识到了生活的更多面，它给了我无数个洞，让我可以像爱丽丝一样随意地跳下去，多么棒！我内心依然悲伤，但我要享受这感觉、这情绪。直到我适应它，我才会接受它。

果敢地选择、放弃，随着成长，我越来越喜欢直截了当，虽然它简单粗暴，但它至少真诚，绝对是真性情的一面。对了，所有的人性中，我只热爱这简单的真诚。

# 让一点点步又不会死

‖‖‖‖‖‖‖‖‖‖‖‖‖‖‖‖‖‖‖‖‖‖‖‖

阿彦是个很随和、很大度的男人，很多事情从不跟我计较，但是在一件事上例外，那就是他的大男子主义。

他曾经义正词严地对我说，不管以后彼此的发展如何，即使有一天我的收入超过他几倍，都必须由他来养家糊口，绝对不可以挑战他男性的价值，并且要维护他的面子，简单地说：只要我在人前给足了他面子，人后他可以给我当马骑。

我想想毕竟人后的日子比较多，这笔买卖划算，就很爽快地答应按照他的要求去做。

有一天，我们一起逛街，阿彦煞有介事地说："夫妻之中吃饭都是女人埋单，一家人出去都是女人开车的，家庭肯定幸福不到哪里去。男人一家之主的地位不可动摇，否则会影响婚姻的幸福指数，女人比男人强的婚姻，大多不幸福。"

那时候我刚开始自己做翡翠，大概连半个女强人的边都沾不上吧！我想，这应该是他对我的旁敲侧击：别忘了做女人的本分。

我压抑住了反驳他的冲动，认真贯彻他的话。只要和他出去，我一定让他开车，就算是我的车，我也推说车技不如他，即使他把我的爱车弄得五劳七伤，我也在旁边笑眯眯地和他聊天，明知道他开错了道，在城市里来回兜圈，也绝不在旁边气急败坏地指手画脚，除非阿彦主动问我，才装作很不确定的样子把正确方位告诉他。

平时只要和他在一起，我总习惯把很多问题交给他处理，让自己的自理能力和分析能力，降到水平线以下。

阿彦经常一脸担忧却掩饰不住嘚瑟地对我说：你要是没有我的话，怎么办啊？我连连点头道：是啊，所以你不能离开我啊！阿彦听我这么一说，尾巴差点翘到天上去。

几年过去了，身边的朋友好几对离了婚，阿彦问我：你发现了没，这些离婚的朋友都有一个共同的特点，都是女人比男人强，无论是经济还是家庭地位，这样的组合，不出问题才怪呢！于是，阿彦更加坚持他的男强女弱原则。

但是，也有例外的。

我的闺蜜晓文原本是外贸公司的跟单，后来辞职自己开了公司，短短两年就在市中心买下一层办公楼，是个不折不扣的女强人，而她老公一直都在公司上班，几年内唯一的变化就是从主任升到经理，薪水从八千元加到一万元，典型的女强男弱组合，但是她和老公的感情却是圈内的楷模。

一次喝茶，我问她是如何让老公接受她是女强人的，她神秘地吐出两个字：装穷！我看着她浑身上下的奢侈品，忍不住问：你装穷？他会信吗？晓文眉飞色舞地说：怎么不信？装得像就信了啊！

接着，晓文得意地跟我说：其实女人经济上是不是比男人强没什么大关系，但是女人别在态度上强势，虽然我现在一年赚的钱是我老公的几十倍，但是我经常跟他哭穷，员工的工资每月要开，办公设备要添置，请客应酬要花钱，开车要开得好点，免得人家怀疑公司的实力，衣服包包哪样都不能马虎，万一接不到业务，随时都会破产，如果不是他有稳定的收入，我更加腹背受敌。

这不，我才一哭穷，他就把去年加的六万元年终奖给了我，爽死了，而且他还很有成就感，一举两得！

难怪身边很多女强男弱的组合一对对地离了婚，只有他们十年婚姻走下来，依然坚固得如铜墙铁壁。

现代社会中，高房价、高物价使得男人的生存压力前所未有地巨大。如果一个女人太弱，并且表里如一地弱，不但得不到男人的百般爱怜，还会被男人视为累赘，从心底里就看不起这个没有自我、靠他为生的女人。

可是如果一个女人表里如一地强大，男人又会觉得自己毫无价值，一不小心就爱上一个仰慕他、崇拜他的小女人，最后还会理直气壮地说：你那么强大，根本就不需要我。

想要做一个幸福的女人，就要学会表里不一，即内强外弱。现代女人，要想活得精彩就应该拥有强大的内心，自给自足的事业，属于自己的朋友圈子。直白一点地说，就算有一天没了老公，也不至于惊慌失措，照样能让自己魅力十足。

可是若想幸福，女人还得"外弱"，无论你有多强大，千万别忘了给男人面子，伤心的时候不必死扛，该洒眼泪就洒眼泪，更别忘了去赞美你的男人。

女人越强的时候越要有几个绝招，让男人不至于在现实面前压抑得透不过气来，男人怕的不是你的强大，而是强势。

# 性格各异并不影响你我做朋友

||||||||||||||||||||||||||||||||||||||||||||

"这是我的新号，望惠存。"

午夜的时候，收到朋友群发的短信。当我将朋友的名字和电话保存到通讯录的时候，恍然发现原来通信录里已经躺着四个被他抛弃的号码了。

山南海北，许久未见。过年的时候放假回家，终于有时间和他一起吃个饭。我晃了晃手机，和他开玩笑说："你对女朋友可比对电话号码忠贞多了，你看你今年都换了多少个号码了，我想给你打电话都不知道该打哪个。"

朋友瞥了我一眼，咬牙切齿地说："反正你从来不给我打电话。"

本来想戏弄他，却被他的这一句话硬生生地打了脸。想了想，还真是从来都没给他主动打过电话。心生愧疚，却也觍着脸说："虽然不打电话，但不代表我不关心你嘛。"

虽然是哄他的话，却也出自于真心。

我从来都不是一个热闹的人，尽管我希望过一个热闹的人生。

小时候的我就是一个让大人觉得有些无聊的孩子。我不喜欢和同龄小朋友一起玩，踢毽子、跳皮筋、打口袋，都让我觉得枯燥而乏味。过家家什么的，在我看来更是无比幼稚。或许，我就是有些早慧。每次爸爸妈妈让我出去和大家一起玩，我总是会一个人溜到街角的书店，躲在角落里看书。看什么并不重要，重要的是我并不想和大家一起玩。

长大后情况有所改观，因为自己的朋友大多是开朗热情大方的姑娘，所以难免也会被影响。我喜欢和她们在一起，感受她们带给我的温暖。我更愿意做一个聆听者，在她们伤心难过的时候默默地听她们倾诉就好。我不习惯和朋友牵手走路，不习惯和朋友形影不离，不习惯和任何一个人永远绑在一起。偶尔也会讨厌这样的自己，枯燥，无趣，冷清。

从我的手机套餐组合就可以看出我的习惯，通话0分钟，短信0条，唯独流量包每个月都会消耗将近1000M。不喜欢打电话，不喜欢发信息。偶尔想念一个朋友，就会跑到朋友的朋友圈或豆瓣去翻一翻，看一看他最近读了什么书，看了什么电影，听了什么音乐，见了什么人。也会故意和他读同一本书，看同一个电影，听同一首歌，想着此时此刻，我们虽然在不同的地点，是否在做着同一件事。没有痕迹，我只是静静地守望着你的生活。

也会觉得这样的自己是否太过冷清，让朋友倍感不适，但每每拿起电话却总是在内心犹豫，大家都有自己的生活和工作，总是怕打扰到朋友正常的生活。

很多时候我也会羡慕那些活得热气腾腾的人。记得有一日去宿舍楼下取快递，恰逢另一个姑娘也取同一家快递。取完快递后，我俩前后脚进了电梯。我低头开始拆快递，却没想到这姑娘竟然开口和我聊起天来。我有些诧异，目瞪口呆地看着她一个人在那自言自语。

"好巧呀，我们住一个楼层，又取的一家快递。"

"你是哪个学院、哪个专业的啊？"

"哎，你买的口红吗？什么牌子的？好用吗？"

"这么快就到了，有时间来我们宿舍玩啊。我住×××。"

直到我俩下了电梯，一个人向左走，一个人向右走，她才停下自己唐僧般的唠叨，特别真挚地和我说了声再见。和这个陌生的姑娘意外相逢的短短一分钟，对我来说，简直快要和一辈子一样长。我能感受到她的善良和热情，像一个闪闪发光的小太阳。我想，这样的姑娘，每个人都会喜欢的吧。

可是，尽管我很努力地想要成为这样的人，却终究只是在勉强自己。也曾因为盛情难却，硬着头皮参加朋友举办的联谊会，和一群同龄人一起吃饭、聊天、唱歌、做游戏。几个小时过下来，我只觉得能量槽不知道被清空了多少次。每一个笑容都扯得无比僵硬，每一个电话号都存得无比糟心。每每想到要把生活撕裂给这么多人看，只觉得天似乎都要塌了下来。客套的寒暄，僵硬的笑容，刻意的热情，还有什么比这更加心累。

当我终于长大到可以里里外外认清自己的时候，我终于意识到，我就是这样一个简单无趣冷清的人呢。我可以让别人喜欢我，我也可以让别人觉得我亲切热情健谈，但这基于我对社会规则的遵循，而不是我的本心。性格中的内向因素，让我成为一个敏感、认真、稳重、内敛的人，这虽然并不讨人喜欢，但亦没有什么不好的。

但生活充满惊喜，频率相同的人终究会相遇。二十多年的人生，我终究遇到了一些从来不曾离去的人。

曾经和某姑娘说："你看我们还是真爱吗？我们除了寒假和暑假见面，平时一个电话都没打过，一条短信都没发过。"某姑娘想了想，反问我："我们需要靠这个来联络感情吗？"

想了想觉得也是，即使我们不打电话、不发短信，即使我们一年不曾见面，但每次相见依然如同从来不曾分开。一个眼神就可以懂你，或许，朋友就是这样。

如今我们相距甚远，许久未曾碰面，但偶尔看看她的朋友圈，又觉得她其实从来都不曾离开。也会在深夜的时候，给她写一封绵长的信件，细数最近的点滴小事。比如楼下的流浪黑猫生了一窝可爱的小花猫，比如北京的雾霾逼得我买了一箱子的口罩，比如食堂的离了婚的阿姨貌似找到了新的男朋友，比如我最近狂吃了几顿大餐不知不觉就胖了两三斤……

当信件漂洋过海去看她的时候，或许已经是数月之后的故事。但这又有什么关系，因为那些温暖的小事，从来不曾消失。我记在心里，讲给她听。不温不火，不紧不慢。你收到最好，不收到也没有什么关系。偶尔会想起你，这样的思念，于我来说，温度最好。

一个冷清的人该如何过一个热闹的人生？我用了很长很长的时间去思考这个问题，却最终也没得到一个明确的答案。冷清，不是不爱，不是不关心，不是不思念，不是不在乎。只是，所有的爱、关心、思念、在乎都被藏在了心底。我亦想张扬肆意地去表达，却终究只能把这一切春风化雨。当我在意你的时候，我希望你面前是真实的我。

有些人的热闹是朋友里的亲密无间，有些人的热闹是生活中的花团锦簇，有些人的热闹是事业上的锦绣前程，有些人的热闹是爱情中的你侬我侬。这些都是千百态的人生，都很美好，也值得珍惜。但我所期待的热闹，却是细水长流中的长久相依，是山高水远外的久别重逢。你记得我也好，忘记我也罢，我始终在那里，不曾远离。

我们或许就是这样冷清的人。但冷清的人未必没有一个热闹的人生。

# 我愿意做一个善良的人

||||||||||||||||||||||||||||||||

高三那年，隔壁班的漂亮妹子给我发人人私信，问我要QQ号。那时候我和她只不过是点头之交，但是因为一个学校的，所以虽然诧异，还是把QQ给了她。

后来她在QQ上对我说，她们班的女生排挤她，也说不上是欺凌，就是不理睬。而她原来没分班前的好友又出了国，所以现在她都不知道该找谁倾诉。莫名其妙地就找上了我，而我也莫名其妙地愿意听。时光久远，早就忘记了故事的具体细节，想想我给予她的，也不过是一两句"你要更努力地学习，才能让人看得起。"

高中毕业以后我们去了不同的大学，也很少再有联系。后来她在我人人留言某张照片，我顺手点进了她的主页，才发现我居然被她列在了特别好友的名单里。心血来潮地找出高中毕业时候因为聊天情谊而给她的同学录，才发现她原来认真地写过一句"谢谢"。

大一的时候，认识了EX的学妹，妹子当时高二，和EX一样也是美术生，在EX当助教的画室里补课。妹子小小的个子，说起话来声音甜甜的，嗲嗲的，因为爸妈工作忙，所以平时和奶奶生活在了一起。

妹子总喜欢和我来聊一些有的没的，例如最近有没有男生对她表白，老师上课时候讲了什么新的笑话，跟着我后面姐姐姐姐地叫，特别特别的亲。但是说起来，由于妹子住的地方实在太偏远，我和妹子至今都没有见过面。

　　说起来，学生时代，最不缺的就是女孩子的小团体。她们在一起可以没由来地讨厌一个人，可以同仇敌忾似的排挤一个人。可是过了许多年以后，你去问她们当初为什么要对另一个人做这种种，她们也说不上来，又或是羞愧地承认，自己只不过是因为压力太大，所以把欺负一个人当成发泄，从中获得某种乐趣。被欺负的，往往是那些成绩中等，沉默寡言的学生。

　　整个事件中最可怜的，就是那个莫名被当成攻击对象，用途只是为了证明其他几个人有共同友谊的女孩。而EX的学妹，恰好在高三的时候，就成了这么一个倒霉的牺牲品。

　　有一天晚上十一点多，寝室已经熄灯了，我还躺在床上玩手机，突然接到妹子的电话，接起来就听到她在电话那头不停地哭："姐姐我好害怕，姐姐她们为什么那么对我？"

　　细问之下才知道，原来画室下课晚，每次都要晚上近十点才下课，画室到妹子家有很长一段路，周围都是稻田。而妹子的妈妈怕妹子出事，就和其他几个女生的家长商量一起包了一辆出租车，每次下课后由司机把她们分别送回家里，费用按照路程来分担。同行的其他几个女生关系都很好，但是和妹子不熟，就下意识地在画室里孤立了她。那天不知道那群领头人物哪里不爽想要耍妹子，偷偷对司机说妹子有人来接，就和自己的朋友们一起提前走了。

　　妹子下课以后，在教室外等了半个小时，都没有等到司机。她忙给司机打电话，司机却说被告知不用接她，自己已经回家下班了，让妹子重新再叫辆车。妹子在寒风中的路边孤零零地等了一个多小时，才拦到了一辆愿意搭载的出租车。回到家以后，妹子怕奶奶担心，只告诉奶奶自己练画画练得晚了，所以才晚到家。等进了自己的房间，妹子才忍不住哭了起来。

　　我无力用别的语言安慰她，也不能代她去狠狠教育那群作弄妹子的人一通。我只能反复地苍白地说着"平安到家就好，平安到家就好。"这样没用的话。让她和老师告状，妹子却问我说："姐姐，要是她们更加厉害地欺负我，我该怎么办呢？"，我却没有办法回答她的问题，只能反复叮嘱她一定不要被牵扯过多精力，以后多长个心眼，如果有人代替她和司机联系一定要司机和她确认，等等。往后的一段时间我对她异常关心，生怕她再遇到类似的情况。

好在最后妹子的妈妈决定每天开车接送她，这样的故事再也没有发生过。我不知道那一个晚上改变了妹子多少，但是它确确实实地让我想过，当我们遇到别人被欺负的时候，我们又能做多少。

既然说起高中的时候，琼瑶问我还记不记得当时某班一个男生。我对此人的唯一印象，就是那个瘦削的身影，以及在大冬天的时候仍然只穿着夏季的短袖T恤在操场做操的故事。他也是我们这届一个"出名"的角色，因为似乎没有人喜欢他，同学以嘲笑他为乐趣，老师也觉得他怪异。

毕业后，这个男生选择了出国。他却问琼瑶能否去机场送他，而琼瑶那时在外地上学，最终未能成行。我好奇地问过琼瑶，那男生和他从来没有同班过，为什么会找琼瑶来送他？

琼瑶冲我笑笑，对我说："大概我是那时候唯一一个愿意和他说话的人吧。"

然后我看着他，两个人再也没有说话。

校园里的欺凌从来没有真切的缘故，也无从得到妥善的解决。每一段时光，班级里都会有一个人，是被用来发泄全班的嘲笑的。那个人成绩不好，不会社交，体育不行，长得不好看。善良的人也不会理睬他，恶劣的人则去作弄他。毕业以后，这类人最快被班级里的其他人遗忘，从不会出现在班级聚会里。这样的人，套用丁丁的书名，就像一只小牲口。不配参与共同的欢笑，亦不配享有班级的快乐，除了承受别人多余的愤怒，一无所得。

虽然从根本来说，除非自己变得更强硬，让别人知道你并不好欺负，不然一切反抗都是徒劳。可是，如果在独自努力的时候，有一个人愿意陪你说说话，告诉你你不必在意那许多，那么悲惨的学生生涯，也会稍微有点光彩吧。

回想自己从小学到高中，亦做过这个漠视的人，后来，也努力想去给别人一点点的关心。

保护自己的安全，然后尽力去做一个善良的人。

如果说，要去做一束很大的光来照亮世界上每个不光明的角落，对于我们来说，实在是太难了。但是你也可以帮助一个人，哪怕只有一句鼓励的话，一颗糖果。并不求别人说的谢谢，就当只是为了在这个纷繁复杂的社会，自己不辜负人性中的那点美好。

"你若有光明，世界就不黑暗。"

# 你最值得善待的就是你自己

||||||||||||||||||||||||||||||||||||

[ 1 ]

好朋友琳，工作于一所全国闻名的985高校。

很多人羡慕琳，工作体面、环境单纯、固定寒暑。就连整个人的气质和谈吐，也被工作滋养得光彩照人。

可琳的工作是院长秘书，天知道这份工作有多辛苦。

院长一般八点左右抵达办公室，琳每天七点半就会准时到达。简单整理、刷杯煮水、泡上一壶温润的正山小种，再把当天要用到的文书、眼镜、药品，一一放至院长桌边。

院长出差，琳要跟着；院长开会，琳要候着；院长应酬，琳要陪着……就连院长稍事休息的时候，琳也要负责在外对一应来访记着、挡着。

一天繁重日程下来，往往已经晚上九、十点钟。琳回到家里，不但还须随时准备应对突发事件或短信传唤；还要自行加班两三小时，整理好当天记录和票务数据，安排好翌日行程和资料储备。

虽然工作于高校，有固定双休和寒暑；但身为院长秘书，琳的工作日休息时间，绝不超过每日七个小时。

但在任何场合遇见琳，她永远是精力充沛、妆容讲究、笑容满面的样子。

我曾特别好奇琳是如何在这样的工作里，还能将生活收拾得美好体面。

某次和她聊及，才知她的生活习惯。

琳每天五点半起床，叫醒她的，不是手机自带的聒噪铃音，而是五天不重样的悠扬钢琴曲。琳姑娘起床后，先煮上一锅养颜养胃的胡萝卜玉米汤，再去浴室里从头到脚洗个淋浴，以保障作为秘书一整天的精神昂扬和神采奕奕。

待梳妆打扮一切就绪，汤也好了。琳还可以从容地在餐桌上品味一锅"红情黄意"，带着从心底溢出的能量与暖意，闪亮出发……

## [2]

琳说，五年前刚入职的时候，面对排山倒海而来的工作，也曾鸡飞狗跳、束手无策，数度想过逃离，后来想想哪一行都不容易，就试着向前任秘书和资深达人取经。

秘书的工作要点就在于照顾和整理。于是她渐渐学会在"盘根错节"的事务中"抽丝剥茧"，化"狂风骤雨"的局面为"月朗风清"……而想要在千头万绪中找到出口，首先得学会在复杂的环境里照顾好情绪和自己。

琳学会早晨在给院长泡上一杯红茶的同时，也就着烧开的热水，给自己泡上一杯玫瑰柠檬茶。甚至会驻足一两分钟，看着紫色花苞在青花瓷杯里，一点点晕开和绽放……

院长开会的时候，她会在对工作心中了然之后，站在清朗的窗口，欣赏着不同城市、不同高校的银杏和梧桐；也会与早已熟识的秘书同行们，交流工作心得，闲谈生活各面……

晚上加班的时候，琳一边敷着面膜，一边点燃一支安神的老山檀香……在宁静的夜里听着键盘敲打的声音，享受一种难以言喻的工作幸福。

所以，琳的肤色看上去总是红润，气色始终上乘，精神依然昂扬，穿戴始终考究，更重要的是，她始终葆有着对工作和生活的高度激情。

五年后的琳，对这份工作更多的是热爱。不仅因为寒暑假期她能去看高山与大海；更因为这份工作本身带给她的成就、上升与乐趣。

挑战不了生活困难的人，也无福享受生活本来面貌的美好。

能够真正驾驭生活和工作的人，往往也能驾驭自己和人生。

[ 3 ]

把自己照顾好了，身边的生活、家庭、工作，一切才会跟着好。

身边的一切都好了，自己也才能真正好。

几个月前，去另一座城市探望我八十多岁的外婆。

因为带去一些湘南特产，外婆便从箱子里分出1/2来，张罗着要给她同住一个院子的老闺蜜送去，说乔奶奶在湖南生活过，也一定喜欢这来自家乡的味道。

我搀着外婆走过一条长长的上坡，来到一栋有花园的房子旁。乔奶奶住在一楼，她院子里种着一排小雏菊和向日葵，有一顶大大的庭院伞和一张舒适的躺椅。

我们按了许久的门铃，主人家才姗姗来迟开了门。乔奶奶耳朵不太好，我们提高声音重复了几遍，她才大致明白，这是朋友家的外孙女从湖南过来，也给她送了些爽口的腊味与年糕。

乔奶奶耳朵不太好，但精神矍铄，她穿一件镂空的黑色披肩，戴着金丝边眼镜，一头微卷的银发，挺有一种民国老太的优雅风范。

她请我们穿过阳光小院走进她家，我才知道这偌大的一百多平方米房子和院子里，竟只住了八十多岁的乔奶奶一个人。

后来听外婆说，乔奶奶的老伴儿三十多年前就过世了。三个子女因分散在全国不同的地方，乔奶奶好强，既不愿跟着子女住；也不让子女从另外的城市搬来陪她住。

乔奶奶的确一个人也可以生活得很好。她热爱种花，院子里的很多老太太都从她这儿索要花种子；她擅长唱歌，院子里开联欢会的时候，老太太总献上一首怀旧的苏联老歌。

可在更多阖家欢乐、翠烟升腾的时候，这位老太太却是一个人踱着小脚小步，独自外出买菜、回家烧饭、擦桌扫地，一个人循着标记索箱吃药。

很难说乔奶奶这样的生活到底算不算好，一万个人眼里大概有一万种看法。

但我的确相信，这一定是乔奶奶在现有境遇下，自己所理解的最美好活法：既不拖累孩子，也不委屈自己；既让孩子放心，也让自己开心。

既然生活如斯，我总要有办法让自己变得更好。

## ［4］

以前我总以为，那些个生活美好、优雅恬淡的女人，多半是命运的宠儿，她们因为现世安稳、生活富贵，所以怡然自得、春风满面。

后来渐渐发现，再高贵的人生都有心酸落魄时……

我们的生活，更多时候本质都一样：悲喜掺杂、高低起伏。

所不同的是。

有的人在相对艰辛的日子里，也能从苦难里开出花朵来；

而有的人即算在相对和顺的日子里，也能活得满身戾气。

聪明的女人，始终给苦留一个出口，给甜留一个入口……

那些时刻沐浴在美好里的女人，不过是学会了在何种境地里，都妥帖地照顾好自己。